U0033059

可複製的領導力

樊登——著

300萬付費會員推崇，
樊登的9堂商業課

推薦序

最重要的一門職場課

許景泰

你是不是也曾看過很多領導、管理的相關書籍，但始終在實踐上，缺乏強而有力的作法？如果有一本書，把領導力講得淺顯易懂，看完立即可現學現用，樊登老師的《可複製的領導力》絕對是你唯一首選。

這本書非常值得每一位職場工作者買來看。不僅是「領導力」這門課，樊登在各大企業教授多年，口碑迴響極大；也因為我本身就是「樊登讀書會」的鐵粉，每一年與一千萬名訂戶，聽老師解說五十本商管思想書，深刻了解他已把「可複製的領導力」的要領，用在他的指數型成長公司上，而且用得淋漓盡致。

領導力必須複製

多數人可能都有一個錯誤認知，就是認定「領導力」是難以傳授、不可複製的，認為「領導力」是一種與身俱來的個人魅力和特質。在東方，我們更樂於將領導神化。這也導致華人企業老闆，必須自己一直努力做，難有接班人，更不懂得如何培養部屬成為優秀的中間管理幹部，使得公司營運上，老闆都得親力親為，無法做到授權管理。

最常見的例子是老闆一手提攜栽培多年，已經養成的主管，好不容易可以獨當一面，管理與領導也逐漸成熟之時，竟然被高薪挖角、跳槽。老闆氣著跳腳，因為他多年可能就培養了這一位主管。

如果你看了這本書，你就明白「領導力必須複製」給更多人，這對於企業來說，不僅是風險分散，更是企業要想變大、變強，一定得做的事。而這往往是大多數台灣中小企業輕忽怠慢之事。在只重視業績，不重視也不懂得如何養成中間幹部的情況下，企業很難長遠發展，成績亦受到限制。

管理與領導大不同

領導不是管理！樊登認為「管理」與「領導」最大的不同，在於員工對於管理的初心來自於「怕」；領導則是出自員工對於在上位者一種「尊重」與「信任」所展現的態度。「怕」的體現來自於公司管理獎懲制度——組織考核升遷多半是管理你的上級說得算，所以你礙於生計、為求人和、希望被提拔，不得不「怕」。而一名優秀的領導人，卻是善於營造團隊氣氛，懂得將公司的價值觀與制訂的方向，清楚地傳遞。促使團隊上下齊心、士氣高昂，都是源於信任和尊重領導者，才會長出的事。

我們每一天在職場上都扮演著：領導者、管理者、執行者三種角色，只是因職位高低、工作性質、個人認知而有比例多寡罷了。你若想要在職場上表現卓越，企業若真想要全員提升，就必須認清楚，如何讓管理者可以真正透過別人來完成工作，如何培養更多領導者，使團隊營造「贏家氛圍」。唯有提升領導力，才能促使執行力高效。相反的，沒有領導力的人，不僅難形成一致的共同目標，適當的給部屬即時反饋，規則也制定不清不楚，終究團隊不是心甘情願、全然投入，只是因為怕犯錯、怕滋事、怕責罰，而為生存所需工作。我相信，這也絕不會是你樂見之事。

我深深覺得這是一本指導職場工作者成為卓越主管、幫助企業主培養領導人才的最佳教戰手冊。在此誠心推薦給每一位想要提升領導力的你！

（本文作者為SmartM世紀智庫執行長）

推薦序

領導力可以習得

傅盛

樊登的聲音是經常陪著我睡覺的，有幸推薦他的大作，實感榮幸。

當然，他的聲音陪我睡覺不是因為我有什麼取向，只是因為我是「樊登讀書會」的忠實會員。在這個知識大爆炸的時代，越來越有一種惶恐感，生怕被這個時代無情地甩下，所以總是抓緊時間學習知識，升級自己的認知。

可是，學到的知識越來越多，又開始有一種悲哀感：原來最年輕、學習力最強的時候，我們學了太多錯誤的觀念，理論構架錯誤，導致到了這把年紀還需要清空很多觀念才有機會重構生長。

這些錯誤的觀念包括：只要努力就能成功；領導力是一種藝術；性格決定命運；牛頓是因為蘋果砸在頭上獲得啟發才發現了萬有引力；馬雲在廁所裡融到了幾千萬美

元，之後飛黃騰達等等。

總之，要麼雞湯，要麼靈感，要麼天註定。沒有邏輯、方法、推導、機率判斷等一套科學的思維系統。

其實，作為社會化的智慧生物，人是具備很強的自我改造能力的。只要堅信方法論的有效性，構建起自己的科學思考邏輯，我們完全可以透過自己的刻意練習，獲得很多看起來傳奇的能力。

這本書想講的也是這麼個道理，領導力其實並不是一種某些人才具備的天賦，也不是一種不可意會的藝術，而是人人都可以掌握的一種能力，和學習語文、數學在本質上沒什麼區別。

更重要的是，隨著互聯網的普及，每個人都變成了一個節點，即便你不是職場領袖，也同樣需要領導力在社會上彰顯你的價值。因此，非常建議大家認真閱讀此書，相信自己也能鑄就和那些大老闆比肩的領導力。

王侯將相，寧有種乎？

（本文作者為獵豹移動首席執行官）

推薦序

管理有標準

陳春花

從管理幅度的有限性來說，任何管理都是團隊管理。雖然團隊的層次不同，但團隊管理的內容仍然離不開計畫、組織、指揮、協調、控管等職能。管理並不複雜，就是這些事情，做得高明，就是大師。人們津津樂道的往往是大師們的驚心動魄和神來之筆，耳濡目染之中往往忽視了那些基礎而扎實的工作。但很多企業，就是這些基礎的事情沒有做到位，有損團隊的事業，吃了大虧，即使站位到風口也會掉下來。

正如本書所揭示的，這些管理的基礎工作，經過了百年來現代管理學的研究，已經形成了一套基本規範，有一套標準化的操作方法。

舉個簡單的例子，你天縱英才，某些時候也想聽聽其他人的意見，那麼如何啟發大家發揮創意、暢快表達？腦力激盪是耳熟能詳的方法，但大家掌握執行要領了嗎？動作規範沒變形嗎？是不是或拘謹或對抗，難以達到效果呢？還是好好複習一下這套標準化的動作吧。

再比如，當你收集到足夠多的創意後，如何分析評估並做出決策呢？我們可以使用「六頂思考帽」這個工具，採用平行思維的方法，將團隊智慧整合起來，避免將時間浪費在無意義的爭執上，高效率地做出有價值的決策。

圍繞著管理的各項職能，本書提供了很多可以借鑒和參考的標準化工具，比如，如何進行目標管理、如何進行團隊溝通、如何傾聽。雖然介紹並不完整和系統化，但能帶來實實在在的幫助。如果作者能在這方面做出更多的思考和整理，一定會帶來更大的貢獻。

這樣一些基礎性的工具，是成為管理者的基本功課，不能保證帶來事業上的輝煌，但能使管理者更專業。有些管理者喜歡自己琢磨，形成自我欣賞的做法，往往也很有效。只是他們不自知的是，他們琢磨出來的「創見」，其實早已被總結並規範化了，他們只不過再「發明」了一次，這種自我滿足感和付出的時間成本是否匹配，就見仁見智了。

我們欣賞那些明星企業家，研究他們，但不可模仿他們，因為我們還有很多基礎的標準化的功課沒有做。作者能夠以自己創業的親身管理經歷撰寫這本書，尤其是在強調基礎管理的部分，的確有其獨到之處，請讀者借助這本書，腳踏實地，好好練習基本功吧。

（本文作者為北京大學國家發展研究院管理學講席教授、華南理工大學工商管理學院教授）

目錄 Contents

第2課

明確角色定位，避免親力親為

第3課

構建遊戲化組織，讓工作更有趣

第4課

釐清關係，建立團隊共識

第5課

用目標管人，而不是人管人

第6課

利用溝通視窗，改善人際溝通

第7課

學會傾聽，建立良性的交流管道

第8課

即時回饋，贏得員工的尊重和信任

第9課

有效利用時間，拒絕無效努力

前言
我看出來了，你就是少了領導力！

我教了十年領導力的課程，一直有一個不可觸碰的問題在教室裡徘徊，好像房間裡人人看不見的大象一樣，那就是：「如果你講的課程那麼有用，為什麼自己不去搞個公司？」我在私下裡聽EMBA的同學調侃說：「EMBA就是一群沒有賺到錢的人，教一群已經賺到錢的人怎麼賺錢。」當然，張良並沒有創業，但他可以教劉邦當皇帝；彼得．杜拉克只是個旁觀者，卻幫助前通用汽車總裁艾爾弗雷德．斯隆打下半壁江山。老師可以用「志不在此」解釋，但這個現實又低智商的社會就是喜歡簡單聯想，聽起來有道理的粗話常常可以獲得最大多數的擁躉。

我一直篤信我講授的領導力課程是有效的。能否賺錢這件事在很大程度上與機遇、勇氣、情商有著更大的關係，所以很多沒怎麼讀過書的人也能夠一夕致富，進而獲得更強的信心和更大的賭注。但有沒有領導力卻是一眼就能看出來的。看什麼呢？看他的痛苦指數：一個人每創造一百萬元價值所需要讓自己和他人付出的痛苦量，就能夠衡量他的領導力。

就像我們小時候上學一樣，死命學習而成就的學霸不稀奇，開開心心考上哈佛的才是鳳毛麟角。社會是對教育的複製，因為教育教我們要想獲得成果就要付出代價，所以大部分人在工作時也都接受了這個「必要之惡」的前提。不信，你看多少企業家都是一副咬緊牙關的樣子。「今天很痛苦，明天更痛苦，後天很美好……」都有點兒曹孟德望梅止渴的意思。我接觸過很多創業者也有樣學樣，恨不得把自己和員工都壓榨出花生油來，還美其名曰「創業精神」。創業者本人打從心裡就不接受幸福和財富是可以兼得的，所以壓根也沒覺得這樣做有什麼不對。

我們的成長經歷決定著我們的領導力來源。一般來說，父母、老師、老闆，就是我們學習領導力的對象。學校裡並沒有專門的領導力課程，所以模仿成了我們唯一的途徑。你盯著員工加班的樣子，像不像你媽媽坐在你身後看你寫作業的畫面？你批評團隊缺乏動力的語氣，像不像老師說「你們是我教過最差的一屆」。至於你的老闆，他也許就是個經理人心態，「勤奮敬業、親力親為」是他的座右銘，所以你也學會了這一招，凡事成為員工的表率。我不是說這招不對，只是不夠。

我在系統化學習領導力之前就是這樣，雖然在學時也做過學生會會長，但完全不知道帶領團隊的章法。那時候我創辦了一本雜誌，為了不辜負股東們的期望，行銷、發行、廣告、團購我都全力以赴。作為總經理，我經常和大家一起衝在第一線，搞定一個又一個大小客戶。我甚至還算過這本雜誌有多少客戶是我親自談下來的，並以此為榮。後來，雜誌倒了，因為我沒有培養出任何一個好的業務員。我甚至連管理我家的小狗都遇到極大的困難。一點兒都不誇張，真的是極大的困難。不堪回首啊。

每個創業者所面臨的問題跟我當年一模一樣——對人性缺乏基本的瞭解、不知道團隊的生命週期、溝通時想怎麼說就怎麼說、除了績效指標之外，別的都不在乎。所以為自己和團隊製造大量的痛苦是一定的啊。你只知道自己玻璃心需要被關懷，覺得別人都應該是女漢子、機器人。你以為融到第一筆資金就好了，上市了就好了，被孫宏斌（融創中國集團的董事會主席，中國百大富豪之一）收購了就好了……

拜託你，醒一醒。愛因斯坦說：「持續不斷地用同樣的方法做同一件事情，卻期望得到不同的結果，叫做荒謬！」只有換方法，讓價值觀升級，才有可能破局，走上另一條道路。

我在講了幾百遍《可複製的領導力》課程之後，領導力的思維習慣和工具已經融入我的血液，成為我生活的一部分。我先是試著用它來管兒子，很管用：幾乎沒有讓我生氣操心的機會，孩子按照我們共同的願望健康成長。我也試著用這種思維幫助身邊的朋友管理團隊，很管用：團隊的氣氛得到大幅改善，朋友們紛紛送我股票以示感謝。後來我想，不如我自己創業試試吧，如果這次還不成功，那以後這堂課乾脆也別講了。

於是我創辦了「樊登讀書會」，不到三年的時間，發展了將近三百萬名付費會員，分會遍佈全球。前陣子我到美國出差，在機場遇到會員，在史丹佛大學校園裡遇到會員，在一個湖南小餐館吃飯，隔壁桌的竟然也是會員。我還不是很習慣大家都聽說過樊登讀書會的狀態，有一天，聽說分眾傳媒的創始人江南春在長江商學院演講時說，「樊登讀書會是中國頂尖人士的標配產品。」素未謀面啊，這樣強力代言，真好！

這其中最讓我開心的不是這點成績，而是我的工作狀態。我的團隊在上海，我一個人在北京。我幾乎兩個月才去一次公司，主要是和CEO以及高層團隊吃飯、開會。我的主要工作是讀書、養生和旅行。我們的團隊以九〇後為主，CEO年紀稍微大一點，一九八六年出生的。就是這樣一群從沒有創業和在大公司工作經驗的孩子，創造著每年一〇〇〇％的成長速度。而且最重要的是，快樂。

這一次創業我沒有親力親為，而是依從杜拉克說的，管理就是最大限度地激發他人的潛能和創意。我相信團隊中的每個人都不願意成為被奴役的打工者，我所要做的只是讓他們相信自己是有能力成為自己的主人，不迷信任何條條框框，不看重任何成功背景。我們只相信一點：學習可以改變自己，不會就學，學了就用，錯了就改，就看誰快。我在讀書會裡講的每一本書，都是為了我的團隊而講。他們會學習，分會也會學習。分會不僅僅是代理商，我們更把他們看作創業共同體。我們的書也是為他們而講。所以這是一個從下而上獲取行動力，從上而下獲取知識的創業生態圈。

當所有人都在祝賀我趕上了這波「知識付費」的風口時，我一般不表態，心裡想著，哪有什麼風口？那麼多做知識付費的企業，都被吹上天了嗎？領導力才是決定一個團隊能走多遠的重要指標之一。

本書所呈現的是我們團隊使用和奉行的管理方法和工具。沒錯，領導力就是工具包，一點兒都不神秘。怎麼和人說話、怎麼表揚人、怎麼批評人、怎麼分派工作、怎麼開會、怎麼創新……全都有工具可循。第一步、第二步、第三步，按照步驟做，一開始可能有點兒不適應，覺得不如隨意發揮來得痛快，但時間一長，你就成為一個有領導力的人。

查理・蒙格說，打高爾夫球不能按照自己的本能來打，得學點兒專業技巧。做其他的事也一樣。如果你做什麼都希望隨心所欲，不願意刻意練習，你就永遠生活在一個低水準重複的世界裡。

現在有一句話很流行，叫作「勤奮的懶惰」。對，不學習領導力的工具，就是勤奮的懶惰。

第1課

八〇%的人能夠做到八〇分

過去企業管理員工，靠的是嚴格約束；現在企業管理員工，靠的是相互吸引。

一個有野心的管理者，需要將每名員工變成團隊的戰略合作者。

領導力人人都能學會

在當下的資訊時代，領導力已成為一個大眾話題，學者有學者的定義，管理者有管理者的理解，一般大眾也有一般大眾自己的感受。我在講領導力的課程時，首先提出的則是這個問題：領導力是坐在教室裡聽課、在網路上看影片課程，或者讀我寫的這本書就能學會的嗎？

通常當我問這個問題時，有人會笑著搖頭，也有人會起哄說「肯定不能」。很奇怪，明知道領導力學不會，為什麼還有人要花錢去上類似的課程呢？其實，大家的回答反映出兩個問題。第一，領導力太重要了，人人都渴望擁有領導力；第二，雖說很多人心裡覺得學不會，但因其重要，一旦遇上某個江湖名師故作神秘告訴他「我家有祖傳的領導力秘笈哦」，就會一邊罵著「騙子」，一邊抱著「死馬當活馬醫」的心態來報名上課。

我要告訴大家：領導力的方法與技巧，每個人都可以透過學習來掌握，無論學習方式是看書、聽課還是看影片。別撇嘴，我知道你在想什麼。又一個江湖賣大力丸的術師，但這次你湊巧找對了人。

「領導力能否透過學習加以掌握？」這個問題的本質是東西方思維習慣的差異。在大多數東方人看來，領導力要麼是一種與生俱來的天賦，要麼需透過長時間經驗的磨練才能得到。你看，東方企業在培養「幹部」時，都是先挑人，看看學歷、經歷，觀察一下談吐反應，問問思路，好，整體不錯，那就是儲備幹部了。人選確定後，放到基層鍛鍊，熟悉一下基本業務；找機會提拔一下，給個合適的職位繼續鍛鍊；待到天時（管理者換屆）、地利（熟悉團隊業務）、人和（個人管理能力成熟），就可以獨立負責某個具體部門了。

這種模式看似萬分妥當——熟悉基層業務，將來下屬彙報時不能蒙混過關；帶過團隊，處理過問題，經驗、智慧以及手段都有所成長。好了，這五六年一過去，你看著他成長，可以給他安排更重要的擔子了，但問題來了——他可能想自己單飛，也可能被隔壁老王看上挖走。對於這種儲備幹部的流失，老闆無疑是最心疼的，且不說位置沒人能立刻頂上來，更重要的是他很可能會帶走你的客戶和技術，甚至你的核心團隊。要知道很多企業正是在重要人才流失之後一蹶不振，乃至一敗塗地。

難道這就是企業培養管理人才的宿命嗎？先別急著發問，讓我們來看看像ＩＢＭ、寶僑、嬌生等西方大型跨國企業的情況，或許你會自己找到答案。

這些西方大型跨國企業號稱「中國企業高管的搖籃」，人才的流失情況可能比中國本土企業更嚴重，但你很少聽說寶僑因為一個區經理離職，這塊區域市場就被競爭對手占去的事情，也不會出現葛斯納離任後，ＩＢＭ就崩垮的情況。這些企業隨時都會有合格的管理者站出來，填補空缺職位，讓企業在短時間內恢復正常營運。對比中國企業，特別是民營的，因為某行銷副總離職而導致業務崩盤，或者某研發負責人離開而導致整個產品開發計畫泡湯的情況屢見不鮮。兩相比較，高下立判。

同樣的管理者離職風波，為什麼會出現兩種截然不同的局面？這是一個值得所有公司管理者深思的關鍵性問題，這個問題如果弄不清楚，你的公司會一直陷入重複培養管理人才的泥沼，自保尚且無力，更別提跨界、轉型與高速成長。其中關鍵，其實在於東西方文化對於培養人才的觀念和方法，有極大的不同。

東方人重悟性

中國的教育觀和用人觀，普遍認為起源於孔子。孔子的學生據說有三千人，其中精通「禮樂射御書數」六藝的有七十二位，即「三千弟子，七十二賢人」，其中不少人成為當時各國政壇的風雲人物。孔子最為人所熟知的教育理念有兩點：有教無類和因材施教。

①有教無類

在孔子以前，所謂教育主要是貴族子弟聘請老師來家輔導，沒有學校。孔子創辦了真正意義上的「學校」。他的學生中既有貴族孟懿子，也有最底層的賤民冉雍；有大賈子貢，也有窮人顏回；有北方的子夏，也有南方的子遊；有比孔子小五十歲的叔仲會和公孫龍，也有僅比孔子小四歲的秦商和小九歲的子路；有跟了他一輩子的顏回，也有邊工作邊學習的子夏和子遊，更有不時跑來請教問題的諸侯、官員和鄙夫。子貢說：「夫子正自身以待來者。」想來的人不拒絕，要走的人不阻止。

②因材施教

子路問孔子：「聞斯行諸？」（我聽到一個事就要去做，行嗎？）孔子說：「有父兄在，如之何聞斯行諸？」（有你爸爸哥哥在，先問他們再說。）

冉求也問了同樣的問題，孔子說：「聞斯行之。」（還等什麼，趕緊去做啊。）

聽到孔子不同回答的公西華傻眼了，就問孔子為什麼一個問題兩個答案，弟子我很分裂啊。

孔子對他說：「求也退，故進之；由也兼人，故退之。」（冉求這個人個性謙讓、猶豫不決，子路這個人個性莽撞、求好心切，你明白了吧！）

這並不是孤例。顏回的修養足夠好，孔子就鼓勵他要多提意見，而婉轉地批評子貢要加強修養，少批評人。

孔夫子是我個人的偶像，也是中國最著名的大思想家和大教育家，被譽為「萬世師表」，甚至有「天不生仲尼，萬古如長夜」的說法，被歷代帝王尊為「至聖先師」。但人無完人，孔子最大的問題，其實就在於他的教學方法。

且讓我們試想一下，這樣的畫面何其熟悉：

早上眾弟子環伺左右，孔子淨手後先彈琴，課前音樂一過，舍瑟而坐：「君子易事而難說，小人易說而難事。」講完了然後看看眾弟子，誰笑容滿面，誰就是那個得道者。

當然，這樣的畫面是我腦補出來的，但從《論語》的很多記載來看，我相信這就是孔子的日常授徒模式！

這無疑是一套相當有用的方式。第一，它能幫助老師識別誰是聰明人和用心人；第二，老師點到為止，全靠學生「悟」的功夫。雖然「悟」有助於個體發展主動認知水準，但既然是悟，就缺乏唯一性，前文因材施教的例子，就會讓身旁弟子糊塗。其實，如果孔子把「是不是聽到就去做」這個問題給說透了，比如我反對「聞斯行諸」，「行」之前必須要考慮到「人員素質能力如何、客觀條件具備與否、後果是否可控」三個方面，如果這三個方面都具備，那麼就去做吧。這樣，莽撞的子路和謹慎的冉求都能對照行之，而公西華也不會感到困惑。

西方人重邏輯

反觀西方，與孔子同一時代的大思想家柏拉圖，他的教育觀與孔子就大不一樣。

柏拉圖的一個學生曾問他：「人的定義是什麼？什麼樣的才可以稱之為人？」

柏拉圖說：「人就是無毛的兩腳動物。」

學生琢磨了一下，拿來了一隻拔光毛的公雞放在柏拉圖面前，對他說：「這隻雞符合無毛、兩腳的定義，但是顯然牠並不是人。」直接推翻了柏拉圖關於人的定義。

柏拉圖的定義顯然沒有抓住人的核心特徵，所以被學生的去毛公雞打敗了。無獨有偶，喜劇演員趙本山和宋丹丹曾經引用過一個網路段子，給我留下了極深的印象。

宋丹丹問：「要把大象裝進冰箱，總共分幾步？」趙本山答不出來。宋丹丹答：「第一步，把冰箱門打開；第二步，把大象裝進去；第三步，把冰箱門關上。」

這個段子挺有趣的，答案聽起來十分愚蠢，說與沒說一個樣。可是除了這樣做，還能怎麼做呢？要知道這可是工程師的標準思維。品質管理領域著名的「六標準差」，它的主要流程有四個步驟：第一步，發現問題；第二步，分析問題；第三步，解決問題；第四步，回饋。西方人管理企業就是按照這四步走，看似機械卻極為有效。

我們總結來看，無論是柏拉圖的「無毛的兩腿動物」還是「大象進冰箱的三步法」，它們相對於孔子的中式「悟道」有以下三方面不同。

①具體性和標準性

西方人無論討論的事物還是給出的答案都十分具體且標準化，所以具有討論是非的基礎；而中式「悟道」討論的則是抽象、宏觀、大而化之的問題，很難具體和標準化。

②思維方式

西方人善用邏輯思維，而中式「悟道」則長於綜合思維。邏輯思維的好處是後人可以在前人的基礎上去發現問題，或者質疑前人的觀點，從而推進一個系統的整體進步，而綜合思維往往關注的是宏觀問題，一旦大賢大哲雄踞於此，後人就只有高山仰止的分了。

③受眾群體

一般人可以在西方的邏輯思維體系裡穩步前進，但很難在綜合思維裡「悟道得道」。

那麼，這兩種截然不同的思維方式，帶來的結果又是如何？

不缺人才，缺的是人才的管理

在中日甲午戰爭之前，中國的國內生產總值（GDP）長期居於世界第一。中國領先了世界兩千多年，很大一部分因素就是孔子宣導的人才觀和教育方式。在這種觀念的影響下，聰明人成為菁英階層，推動社會運轉；普通人則安貧樂道，過起了小日子。這種做法在農業社會非常有用，農業社會需要大量的勞動力，他們不需要去思辨與分析，也不需要多高的知識水準，按照菁英階層的規畫推動社會潮流即可。

那麼，後來中國為什麼不能繼續領先於世界，並且前後經歷了一百多年的屈辱歷史呢？英國漢學家藍詩玲在她的《鴉片戰爭》一書中提到，英國發起戰爭的原因之一，就是當時已經號稱「日不落」的大英帝國發現，無論他們賺多少錢，九成都得換成白銀流入中國，因為茶飲、瓷器與絲綢在英國貴族社會普遍流行。那時，英國已經完成了工業革命，進入工業社會，而工業社會的發展依賴於社會分工。

以製衣為例。要製作一件簡單的衣服，通常情況下需要幾個部門的分工協作：棉紗廠將棉花紡成紗線，織布廠將紗線織成布匹，服裝廠將布匹裁成衣服。在整個製衣流程中，每個工人的專業素養對衣服品質都有影響，而且對自身來說也意味著不同的收入水準。不僅是工人，每個工廠也都想方設法提高生產工藝，以便製作出更好的成衣製品，獲取更高的回報。

工業時代，個人素質大幅提升，科學技術也相繼出現了重大突破，英國人造出了世界上最先進的堅船利炮，開啟了海外殖民道路。與此同時，中國拒絕學習先進科技，還在「天朝上國」的美夢中昏昏欲睡，最終釀致一百多年的屈辱歷史。

時至今日，很多中國人對西方製造的東西依然格外青睞，這種「崇洋媚外」的深層原因則是對國外職人、工藝、流程和管理水準的信任。我們深知他們的工作者受過更多的培訓，流程上有更好的要求，每一道工序都值得信賴。難道是西方人普遍比中國人聰明嗎？當然不是，真正的原因是他們普遍擁有較高的培訓水準和管理能力。

有人曾反駁我說，現在已經是二十一世紀，當下的中國與孔聖先賢的時代完全不同，中國和西方先進國家的差別並不大，企業的員工素質水準也在逐步提升。沒錯，中國已經成為世界第二大經濟體，社會的硬體水準，特別是資訊技術軟硬體環境已經位於世界前列，我們的「新四大發明」（高鐵、支付寶、共享單車和網購）讓西方人羨慕不已，但我們的教育理念、人才開發理念還有極大的提升空間。

幾年前我回老家，見到了我的高中老師，他說了一段話讓我既感動又詫異。當時，在我們班的七十多個學生中，我的成績名列前茅，按照現在的說法就是標準的學霸。結果老師說：「就是你們這些好學生讓我操透了心！」

聽到這樣的說法，你是否覺得詫異？按理說是為那些「學渣」操心才對。我十分不解，便請老師解惑，他舉了一個例子。

早自習時，老師經常在教室裡邊走邊數：「清華北大復旦交大……」數夠十五個能上好大學的，他才能安心地去吃早餐。

我連忙問道：「那十五名以後的呢？」

「十五名以後只要別搗亂，別影響我這前十五名就行！」老師的回答擲地有聲。

「愛才如命」的，肯定不只我的高中老師一人，這是社會的普遍現象。其實中國相比歐美先進國家，從來不缺有錢人和聰明人，缺的是整體國民素質，所以才會出現一旦公司裡的管理者離職，就為整個公司帶來滅頂之災的事情，原因是能頂上來的人太少了。

中國其實並不缺乏有才華的人，只是在現有培養模式下，有才華的人光芒太強，這對團隊組織而言非常不利。企業的運作變成少數幾個高層管理者的事，與一般員工關係不大，也就是說，一般員工的整體管理能力還有巨大的提升空間。

產生這種局面的源頭，實際上是東西方人解決問題的不同思維方式。東方人依賴個別能人的實力，沒有能人就無法完成任務。西方人則注重標準化，認為只要按標準操作，一切任務都可以完成。套用在領導力上，西方企業主張管理能力由一個個工具組成，可以進行標準化，一般人透過訓練也可以輕鬆擁有。在下一篇我們將具體聊聊領導力的標準化問題。

領導力可以標準化

說到領導力的標準化問題，我們需要先看一下：什麼是領導力？在日常工作中，領導力究竟如何體現？

管理者的日常工作無非就是跟員工開個會，表揚一下工作努力的員工；為了達成業績，鼓舞一下士氣；出差時，給員工一些小小權力，告訴他們什麼時候可以自己做主；遭遇營運瓶頸時，帶領大家研究怎麼創新等等。這些都是管理者再熟悉不過的工作場景。

那麼請問，大家在做這些工作的時候，有沒有標準，有沒有規則，有沒有工具，沒有，對吧？基本都是自己臨場發揮，隨心所欲，對吧？但是在西方企業中，對於這種種場景，都有一整套的規則程序，管理者只要套用就可以了。企業出現了問題，就一定有解決的辦法。正是由於設置了面對各種問題的標準處理機制，才使得西方企業的普遍壽命都長於中國企業。

在西方企業中，這一整套機制的載體是工具。只要工作中出現了問題，都可以在工具庫中找到解決方案。IBM就有一個這樣的工具庫，所有員工工作和生活上的問題都可以透過工具來解決。

舉一個最常見的例子。我經常聽到企業老闆跟我抱怨，企業政策制定得好好的，但是員工就是不執行，或者執行不到位，沒有得到預期的效果，把不盡滿意的結果歸咎於員工的執行力有問題，並一直幻想著，如果員工能有《致加西亞的信》中羅文中尉「使命必達」的責任感和執行力就好了。

那麼，企業老闆為了提升執行力，都會採取什麼辦法呢？大家可能都參加過企業組織的培訓，請一些所謂的大師上台演講，講完之後，員工總是感覺非常興奮，幹勁十足。在接下來的一段時間內，員工的工作會非常積極，甚至會主動要求加班。老闆看在眼裡，喜在心裡：大師的出席費沒有白花。但是最多兩個星期，這股勁過去，員工就又恢復到以前的工作狀態，這時不僅是老闆，員工也會非常困惑：我怎麼又回來了？這種積極的工作狀態為什麼持續得這麼短？這種培訓究竟有什麼問題呢？

其中最重要的一個原因就是，這種打雞血的精神狀態，是基於人們一時的情感爆發。如果後續過程中，沒有持續的回饋機制，沒有合理的可實踐方案，激情退去的時候，就是打回原形的時候。

說五遍的管理者，和重覆指令的管理者

企業領導念茲在茲的「執行力」其實是一個偽概念，不屬於規範的管理學概念，是培訓課程市場化的產物。很多培訓講師知道，企業老闆喜歡跟員工講執行力，因此他們編出這樣的概念，便於販售他們的課程。

「執行力」究竟是什麼呢？執行力不是員工的能力，在西方的管理學中，員工的執行力跟領導者的管理能力密切連繫在一起。管理能力強悍才能衍生出執行力的堅決。如果員工的執行力不強，代表的是領導者的管理能力不及格。

給華為起草《華為基本法》的包政教授在一次講課中，向我們具體地描述了日本企業是如何向下屬分派任務。其中最有趣的部分是：「日本的大公司規定，管理者給員工分派任務時，至少要說五遍。」具體情況如下：

第一遍

管理者：「渡邊君，麻煩你幫我做一件××事。」

渡邊君：「是！」轉身要走。

第二遍

管理者：「別著急，回來。麻煩你重複一遍。」

渡邊君：「您是要我去做XX事對嗎？這次我可以走了嗎？」

第三遍

管理者：「你覺得我要你做這件事的目的是什麼？」

渡邊君：「您的目的應該是希望能夠順利地召開培訓。這次我可以走了嗎？」

第四遍

管理者：「別著急，你覺得做這件事會遇到什麼意外？遇到什麼情況你要向我彙報？遇到什麼情況你可以自己做決定？」

渡邊君：「這件事大概有這麼幾種情況……如果遇到A情況我向您彙報，如果遇到B情況我自己做決定。您看可以嗎？」

最後一遍

管理者：「如果讓你自己做這件事，你有什麼更好的想法和建議嗎？」

渡邊君：「如果讓我自己做，可以在某個環節……」

五遍講完，員工對各種突發狀況、場景都有預先備案，再去執行。各位，這種情況，是不是比老闆只說一遍的效果要好，是不是比較可以接近老闆最初設定的效果？

大家知道，在一個公司裡面，最大的成本是重做。俗話說「磨刀不誤砍柴工」。在砍柴之前，耐心地磨刀是十分必要的。不要拿著鈍刀子就上山，到時候不但費力，還沒什麼實質性收穫。道理一說就知道，但是平日裡，領導者又是怎樣分派任務的呢？我們來重現一下。

管理者剛說完第一遍，員工就會立即去做，免得被管理者認為執行力不強。

如果員工一直專注工作，沒有即時提出回饋，管理者又會說：「怎麼回事，有什麼問題要跟我說啊？過這麼久時間都沒給我消息？」

如果發現工作出錯了，管理者會氣衝衝地質問員工：「這是怎麼回事？是我要你這樣做的嗎？你怎麼做成這樣？」

如果員工遇到問題，向管理者請示，管理者會問：「怎麼什麼事都需要我來決定？那我雇你做什麼？」

如果員工真的自己做了決定，管理者又會問：「你問過我嗎？這種事你都敢自己決定，眼裡還有我嗎？」……在這種情況下，員工怎麼做都是錯的，他的執行力又從何而來？

大家是不是感覺非常熟悉？這就是一般職場最常見到的領導力。老闆在分派任務時喜歡說兩句話，第一句是「看著辦，我相信你」，還有一句是「不要讓我說第二遍」。這與西方管理學和日本企業的要求背道而馳：他們要求說五遍，我們的老闆希望自己不要說第二遍。一遍之後就要求員工理解所有的細節，甚至有一些老闆更有趣，要求員工要懂得察言觀色。這麼重要的任務透過一個表情、神態能傳達清楚嗎？

需要花多大精力才能培養出一個僅透過表情就能明白任務細節的人啊？

問題是，很多老闆就喜歡這樣。這麼做的後果很明顯，員工都變聰明了，知道看臉色，知道怎樣才能讓老闆舒服，至於工作，過得去就行，沒有人要求精益求精。工作成果不盡如人意，最重要的原因是老闆懶得把任務說第二遍，員工雖然很想把工作做好，但是他無法全部理解老闆的想法，只能靠猜測，而這會造成最初設定和最後結果之間的巨大差異。

分派任務的標準流程

習慣看臉色的員工，在一些標準化管理流程中甚至會有非常不適的感覺。

曾經有一位在東風日產工作多年的朋友跟我聊天說：「別看中日合資這麼多年，我們表面看起來平起平坐，但是骨子裡，日本人還是把中國人當笨蛋，分派任務的時候，不斷重覆說明。說實話，我感覺他們在侮辱我的智商。」

我後來跟他解釋說：「他們不是只對中國人這樣，他們對日本人分派任務也是這樣。這是分派任務的標準流程，對事不對人。」

但是為什麼只有中國人會產生這種奇怪的憒憒的想法呢？我們習慣於被相信是聰明的，只需要說明一遍就可以理解並執行。但事實上，分派任務的時候只說一遍，我們嘴裡的「了解」「知道」並不是真正的了解和知道，我們並不清楚如果遇到突發狀況應該怎麼辦，不清楚哪些事情我們可以做主、哪些需要彙報等等。沒有經過反覆確認，一個人是不可能真正了解所面對的任務，更不要提圓滿地完成了。

我們講西方管理學的概念，為什麼扯到日本了呢？這是因為日本企業採用的是西方的管理模式。這套分派任務的流程是美國人戴明發明的，參考的是日本企業的總體生產流程。這套流程一經推出，在日本廣受歡迎，獲得巨大成功。時至今日，日本人依然特別重視分派任務的遍數，這讓他們企業的管理效率獲得了極大的提升。這個工具很簡單，每個人都能學會。下次要分派任務的時候，千萬別忘了一定要說五遍，這是提升領導力最簡單有效的方式。

提升領導力的四重修練

領導力其實並不神秘，透過系統學習，我們每個人都可以掌握。

那麼一般員工怎樣提升領導力呢？俗話說「天上不會掉餡餅」，即使偶爾掉個餡餅下來，你的嘴也需要比別人的嘴張得大才能吃到。這裡的「嘴大」可能包括你的能力和為這件事做的準備，要知道積極的房地產仲介在淡季時都要守著，這樣才會在旺季時一手掌握房源，一手給熟悉的客戶打電話推薦。提升領導力也是這樣，需要一個循序漸進、次第修練的過程。

我認為領導力的提升成長至少需要以下四重修練（如圖1-1所示）。

第一重：建立信任

當你還是一個普通員工時，最重要的工作就是保質保量，完成上司分配的任務，

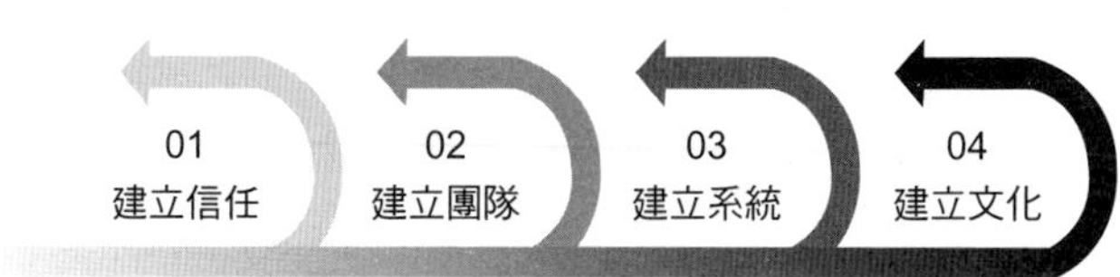

圖 1–1 提升領導力的四重修練

贏得上司的信任；工作中與同事友好相處，贏得同事的喜愛；為客戶提供優質的服務，贏得客戶的肯定。只有不斷增進與大家的關係，形成良好的個人工作環境，你才能獲得升遷的機會。本職工作是一個人的安身立命之本，大家不要羨慕三國裡的龐鳳雛，天天喝酒吹牛，一個月的政務半天就能搞定，那是人家有足夠本事。要知道侃侃而談容易，實際執行時各種想不到的困難都來了，所以腳踏實地，把本職工作做得足夠出色，才能為自己爭取到更多的機會。

雖然本職工作是升遷的必要條件，但是要想成為一個優秀的管理者，擁有管理者的意識和覺悟也是非常重要的。我經常將剛上任的管理者分為兩類：一類感覺很棒，有很強的成就感。另一類感覺很痛苦，工作還不如原來做普通員工時順利。

這兩種心理變化，區別在於第二類還沉浸在執行者的角色中，對於管理者定位中「透過別人」的核心精髓並沒有深刻理解。

第二重：建立團隊

到了這個階段，團隊管理者的角色定位開始顯現，很多工作需要盡可能透過員工完成，應該為員工能力提升創造一切便利，而不是越俎代庖，事事參與。要知道，事事操心的諸葛孔明，最後就是活活累死。偏偏中國的老闆最常見的管理錯誤就在於事事操心。一個常見的現象是老闆非常勤勞，整日起早貪黑，忙忙碌碌。相比之下，員工反而感到無所事事。

如果管理者一直用自己的意志管理團隊，團隊就會對其產生很強的依賴感。我的建議是：管理者一定要學會放手，讓團隊自我進化，讓成員自己成長，哪怕開始時出現一些損失、錯誤，也要容忍。

第三重：建立系統

為什麼有的人帶團隊，只要他不在，團隊就亂成一團；而有的人帶團隊，他可以自由出差、出國進修、呼朋訪友？這就涉及管理者成長的第三個階段——建立系統。系統就像是一個精確運行的機器，一旦建立起來，就會自然運轉下去，不會因為個別因素而停止。既然是機器，必然要有運行規則，這就是系統中標準建設的內容。

制定標準

我們經常說：管理系統就像是一個黑箱，判斷好壞的重要標準是輸入產品和輸出產物。如果輸入的是一流人才，出來的卻是三流結果，這個管理系統就有問題；如果輸入的是三流人才，出來的是一流結果，這就是運轉良好的管理系統。在管理系統的標準建設方面，麥當勞的案例值得借鑒。

麥當勞的招聘條件很一般：員工需要具備初中以上學歷，店長需具備高中以上學歷。從輸入的角度來看，麥當勞輸入的都是普通人才。然而在幾年之後，這些普通人才都會被培養成一定水準的管理者，成為人才市場的搶手貨、各獵人頭公司的目標。

如果足夠細心，我們會發現，標準化已經滲透到麥當勞企業的方方面面。不僅是人才培養系統，麥當勞在其他方面的標準化程度同樣極高：拖地的標準是反向畫八字、切漢堡的標準是橫截面氣孔直徑不超過一毫米、牛肉排的標準重量是二十八．九六克、排氣扇的標準是每隔半個月換一次……

在麥當勞的營運中，標準化是最核心的競爭力。麥當勞最重要的資產不是它的產品，而是它的門市。它的大多數門市已實現高度標準化，我們看到產出的是香噴噴的標準化食品，其實本質上是標準化的團隊！這些標準透過連鎖加盟的方式產生了巨大的增值空間。麥當勞的團隊日常就是按標準做事，一切按標準走，這一點恰是大多數中國企業都做不到的。

被稱為「創業教父」的麥克．葛伯，曾寫過一本書《突破瓶頸》，提倡大家做連鎖加盟。有很多人在連鎖加盟領域混得風生水起。但是他們的模式跟麥當勞的模式並不一樣。為了賺錢，他們做出一套標準後就將其賣掉，然後再去做另一套標準。實際上，如果能夠像麥當勞這樣，在一個領域內扎下根，把所有細節的標準都做到盡善盡美，我們也可以一輩子一直賺這個標準的錢。

麥當勞是一間偉大的企業，從一九五五年誕生至今已經走過了六十多年風雨，從最初的九家店發展到現在遍佈全球一百一十多個國家的三萬多家分店，標準化可以說是其成功的最重要原因。我們中國有很多勸人堅持的名言警句，比如「繩鋸木斷，水滴石穿」，遺憾的是在商業領域卻充滿了各種急功近利。

引進技術

標準的研製相對簡單，執行起來卻困難重重，會受到很多因素的干擾，特別是人為因素。人是主觀的，執行標準的時候難免不夾帶私心。管理者該怎麼解決這個問題呢？

中國有一個組織叫「績效改進協會」，宣導用技控代替人控。人控的意思是事事由人掌控。相反，技控是指引進科技，取代人的部分工作，確保標準的堅決執行。比如說餐廳規定薯條需且僅需炸五秒，經過技術設計，炸薯條的機器在恰好五秒後彈出薯條，不多也不少。

麥當勞規定在漢堡製成十五分鐘後，如果無法賣出就必須扔掉。那麼分店經理怎麼知道時間有沒有超過十五分鐘呢？他們的操作流程是：漢堡製成之後放入保溫箱，放入的瞬間開始計時，十五分鐘後保溫箱警報響起，通知經理該批次的漢堡過期了需要丟棄。

人是不確定性的最大來源。有句老話說：有人的地方就有恩怨，有恩怨就有江湖，所以有人的地方就有江湖。採用機器控制和新科技是為了避免人自身的局限性，以完成標準化的流程。從系統建立的角度講，由技控代替人控無疑是大勢所趨。

建立文化

不知何時起，企業文化成了企業家聊天格調的標誌，要是沒在企業文化上下功夫，或者沒鮮明特色，都不好意思開口。一些知名企業的文化被大家津津樂道，其中華為的文化非常經典。

一九九八年誕生的《華為基本法》可謂華為的另一張名片。二〇一四年，創始人任正非在多個場合提出「讓聽得見炮聲的人呼喚炮火」，完美詮釋了華為的「下放文化」：讓第一課人員作決策，而不是老闆自己拍腦袋、一言堂。在華為，任正非不僅是創辦人，更是精神領袖。

在很多中國企業家眼中，構建企業文化是大公司才有的特權。事實上，無論公司的規模多大，都可以建立屬於自己的企業文化。

企業文化是企業價值觀、信念等精神因素的結合。人們常說「物以類聚，人以群分」。建立企業文化，是在精神上將企業員工凝聚在一起，是一個企業差異化的最高狀態。企業文化的創建是一個需要用心的漫長過程，一旦建立，對於企業長期持續健康發展將會有事半功倍的效果。

企業文化的特徵在於獨特，與眾不同，這一點西方企業顯然更加精通。比如在中國，我們不太習慣拿自己的名字做公司名，但是西方很多公司都是用創始人自己的名字命名，例如戴爾、福特等，這樣做的目的就是打造具有強烈個人風格的企業文化，這也是我將讀書會以自己的名字命名的一大原因。

第 2 課

明確角色定位，避免親力親為

管理者的使命是培養員工，打造有戰鬥力的團隊，而不是將員工的工作都加在自己身上，越俎代庖，事事參與。衡量一個管理者能力的高低，就是看他能培養多少能幹的人才。

管理就是透過別人完成任務

說起管理的定義，每個人都有自己的理解。真正的定義其實很簡單，說出來可能會噓聲一片：**透過別人完成任務**。這裡面有兩個點：一是完成任務，二是透過別人。一個人只要符合這兩點，他的角色就是一個管理者。即使一個普通的放羊人，只要有辦法讓別人幫他放羊，他就是一個管理者。

在這兩個要點之中，哪一點更難做到呢？

透過別人。很多人不會「透過別人」，其實是不放心「透過別人」，還有一些人過分看重「透過別人」。

讓別人幫自己做事，在很多人看來是「升官」了。於是官僚氣附身，對員工頤指氣使。這種管理者不在少數。時代變了，現代的員工賺錢不一定靠上班，勉強上班還遇到這樣的管理者，不馬上離開反倒讓人感覺奇怪。現代企業的管理者，與傳統概念中的官僚和幹部有本質的區別。大家都在一起工作，除了上下屬的關係，還有同事的關係；除了管理職務，還有互相幫助和共同進步的情誼。

也有一些受到員工愛戴的管理者，但是他們感覺非常累。為什麼呢？他們妄圖以一己之力完成所有任務，不借助團隊成員的力量，自己忙到死去活來，員工反倒非常清閒。

現實生活中，我們見過很多在員工中口碑還不錯的管理者其實是這樣的：白手起家，以敬業勤奮著稱，公司經營了很多年，開始步入正軌，隨著業務不斷擴大，發現忙不過來了，開始招聘員工，讓他們分擔自己的工作。但不放心員工，緊迫盯人，小心他們犯錯，於是大小事務都要過問，整日裡忙忙碌碌，員工卻備感壓力。

老闆這樣做有一定的好處，比如精簡人事、節省成本、保證做事品質，但壞處也顯而易見——沒有給員工足夠的信任，他們必然不會經過磨練，不能獨立承擔重要任務，一直在等待老闆的指令，而老闆卻疲於奔命，到頭來，雙方都得不到成長。

用球隊來打個比方，就好比你是前鋒，覺得後防不力，就老幫後衛防守；覺得中場組織很差，就老幫中場拿球。但當球隊需要破門得分、往前傳球的時候，卻找不到你這個前鋒的影子，那球隊還能贏得了球嗎？

從央視離職後，我曾創辦過一本名為《管理學家》的雜誌。有一次，我帶著雜誌的行銷總監去跟其他單位談合作。談完之後剛出對方單位大門，行銷總監就非常生氣地跟我說他不幹了。我很詫異，趕忙問他原因。行銷總監答道：「你根本不需要我，整個談判過程都是你自己說，我連嘴都插不上。」

那時，我覺得有些委屈，心想這個行銷總監未免太矯情了。到後來我才認知到，對方站在你身旁，卻發現自己不被需要的感覺是多麼難受。從那時起，我就意識到，一個優秀的管理者，要克制自己對事情的「不放心」，給員工更多的表現機會，盡量放權給員工，讓他們獨立完成工作。

放下對部屬的不放心

管理團隊不是一件容易的事情，很多管理者朝思暮想的一個問題就是：怎樣才能讓部屬「服」你？

有一次我到海爾講課，台下有一個學員就這樣問我：「怎樣才能讓部屬服你？」我讓在場的其他學員作答，其中有名學員的答案是：「要做什麼都比部屬強。」

這個答案估計代表了大部分管理者的心聲。「做什麼都比部屬強」是極為常見的管理者思維，但想想看，這種思維也只是在職位相對較低時才有可能做到，比如車間的班組長、分廠廠長，他們從基層做起，熟悉每個工種，能力出色，於是工而優則仕。但當你帶領的團隊越來越大時，「做什麼都比部屬強」就只是一種理想。想想海爾集團的老闆，部屬數以萬計，有無數的部門和團隊，如果老闆有這樣的思維，不是把自己累死，就是把海爾玩死。管理者對自己的定位非常重要，對「透過別人」的理解就更加重要。

管理者與普通員工的工作內容有很大的不同，在言行上的要求都比普通員工高。有些話不能說，有些話必須說。總結來說，**管理者的使命是培養員工，打造有戰鬥力的團隊，而不是將員工的工作都加在自己身上。**

船長的責任

西方人經常用一艘船來比喻一個團隊。一個團隊逐步壯大的過程，就好像是一個人從自駕小船到指揮大船的過程。管理者駕駛一艘小船時，什麼技能都得會，慢慢地就能夠駕馭整艘船，靠激情就能讓小船走得又快又安穩。此時，市場可能會獎勵給你一艘大船。大船和小船不僅有規模上的差異，大船往往也需要更多的人手，因為僅靠船長一個人無法同時完成大副、二副等其他人的所有任務。這個時候光有激情遠遠不夠，大船要想快速、平穩前行，必須依靠分工和組織體系。

此時，船長的主要任務不再是駕駛，而是要掌握大船的方向、速度和安全。小船吃水淺，根本沒機會碰到水底的暗礁；但大船吃水深，就有可能碰到暗礁，比如流程問題、績效考核問題等。這個時候管理者要做的其實是制定航行戰略、避免暗礁等重要的事情，而不是去划船。划船的事情完全可以委託給已經成長起來的員工。船長徹底擺脫與員工做同樣工作的狀態，去做一些與團隊發展動向相關的佈局工作，為以後的發展提供更多的可能性。如果船長一直在駕駛艙內開船，沒有培養相關的人才，船員們就會顧此失彼，整個船隊如一團亂麻，這無疑是團隊管理中的一大敗筆。

學會授權，別怕員工犯錯

將軍應該站在指揮部，而不是衝上前線。這道理很簡單，相信大多數管理者也都明白，但為什麼還有許多人「樂此不疲」？我想最主要的原因是管理者不允許事情出差錯。

身為團隊的管理者，需要對事情發展過程有強大的掌握，讓每件事情都在自己的可控範圍內。與員工相比，管理者顯然有更加豐富的經驗，他們相信自己能夠將事情做得更好。於是他們懷疑員工的能力，認為員工做事情拖拉，不合自己心意，與其到後來還要自己修補，不如一開始就插手。

員工遇到這樣的管理者，會感覺沒有得到足夠的信任，工作積極性受挫。長久如此，員工主動工作的熱情就會消失，對工作採取消極應付的態度。另一方面，管理者每天被瑣碎的工作支配得團團轉，根本無暇做出一些戰略性的綜觀規畫。這種情況對於對企業的長久發展來說非常不利。不幸的是，這種類型的管理者在中國歷史上比比皆是，往往還擁有不錯的聲譽。其中最著名的例子就是諸葛亮。

一流的策略家，不及格的領導者

與劉備相比，諸葛亮身上的光環實在太多了。在未出茅廬之時，就有「臥龍鳳雛，二者得一可安天下」的美譽。出山之後，諸葛亮協助原本籍籍無名的劉備建立蜀漢政權，與強悍的曹操、孫權形成三足鼎立之勢。

在此過程中諸葛孔明的智計無雙已經成為天下人的共識。按現在的說法，諸葛亮就是三國時期智慧的代言人。相比之下，劉備就顯得遜色很多，除了身上「劉皇叔」的皇室血統光環，幾乎沒有其他為人稱道之處。但是論管理能力，二者卻有天壤之別。

劉備在位期間，蜀國有五虎上將——關羽、張飛、趙雲、黃忠、馬超，個個驍勇善戰，獨當一面。劉備死後，蜀國基本由諸葛亮全盤管理。話說諸葛亮的工作態度無可挑剔，兢兢業業，如履薄冰，鞠躬盡瘁，死而後已。但是在諸葛亮去世之後，蜀國已經到了「蜀中無大將，廖化作先鋒」的地步。雖然五虎上將的第二代都在，但是沒有一個人成長為其父輩那樣的蓋世英豪。原因何在？

最重要的原因就是諸葛亮一生太謹慎了，他身負托孤重任，不願蜀國出一點兒閃失，因此每一件事都親自參與。比如，蜀國的將軍們會在出征時隨身攜帶丞相賜予的錦囊，遇到困難打開錦囊。透過這種方式，諸葛亮代替將軍們決定戰局走向，即使不在現場也可以指揮千軍萬馬。打了勝仗是「多虧錦囊妙計」，打了敗仗便「此乃天意」。換句話說，無論勝敗，都是諸葛亮的責任，跟這群帶兵打仗的將軍沒有任何關係。

這種情況下，諸葛亮麾下的將軍只要聽話就好，並不會有承擔責任的壓力，當然也就不會有要求成長的願望。在他們看來，丞相的計謀天下無雙，只要照做就可以了。唯一例外的馬謖，還在兵敗後被諸葛亮揮淚斬首。

在諸葛亮的治理之下，蜀國的將軍們就是執行命令的機器，他們無從成長，無從學習，一切跟著丞相走就好。丞相在世時一切安好，丞相去世之後，這些將軍中沒有一個被培養成治國之才，蜀國的衰落已成定局。

諸葛亮為人稱頌的是他「鞠躬盡瘁，死而後已」的敬業精神，但是他的管理方式存在重大缺陷。究其原因，用他自己的話來講就是其「一生惟謹慎」，不敢讓部屬犯錯，不敢拿蜀國的前途冒險，希望蜀國平平安安。但是事與願違，沒有經歷過任何風險的蜀國在這種平安的環境中慢慢衰弱下去，直至無力回天。

給部屬嘗試錯誤的空間

任何一個管理者都要明白，想要讓團隊獲得持續健康的發展，必須激發團隊各成員的潛能。在這個過程中不可避免會犯錯，然而，任何團隊或者個人的成長都要透過不斷嘗試錯誤才能獲得，不犯錯就不會發現自己各方面存在的缺陷，不知道如何改進。如果無法獲得成長的空間和機會，也就沒有意願去承擔屬於自己的責任、獨當一面。

管理者在培養人才的過程中，最大的挑戰就是要眼睜睜地看著員工去犯錯，並且忍住不說，給員工嘗試錯誤的空間，培養屬於員工的責任感，讓他感覺這件事跟他自己是有關的，是需要他自己想辦法解決的。

「不說」的藝術

樊登讀書會在一些活動中也遇到過類似的問題，我的處理方式就是「不說」。比如有一次，讀書會有一個小組在陝西做了一個客戶活動，當時回饋不太好，很多客戶對我們很有意見。陝西分會的會長也建議我跟小組的成員分析問題所在，找到解決問題的方法，避免客戶的不滿。

我對他說：「我知道他們活動有問題，但是我不能說。為什麼呢？我們更應該看到的是他們小組在籌畫活動時的工作熱情。經驗欠缺可以日後慢慢積累，但是工作熱情是非常寶貴的東西，一旦受到打擊，很長時間內都難以彌補。如果因為小組出現一些小小的問題，我就開會檢討，那他們以後再籌畫活動時就放不開手腳，可能就覺得自己的能力不行，以後再遇到類似的活動就不敢放膽去做了。」

實際上，我也是這樣做的。後來我在上海與這個小組碰面時，表揚了其中一個小組成員：「你的活動做得很好，很即時，能力越來越強了。」

他回答道：「其實我知道客戶的回饋不太好，我下次一定準備得更加充分，將活動做得更好。」

他的回答也說明，這次客戶活動做得不好，小組成員是有感覺的，是有想法的。他們並不需要別人來告訴他們這次活動的效果不好。這反而會增加他們的工作壓力。我鼓勵他們，是因為相信他們都很優秀，能夠對自己的工作負責到底。優秀的人才面對工作都有自己的想法，他們也會將活動效果跟自己的責任連繫在一起。這份責任感促使他們在下次籌畫類似的活動時，一定會加倍努力做到最好。

老闆在員工表現不佳的時候過問甚至質疑，還會給員工造成一種感覺，那就是即便我再努力，也會被老闆挑出毛病，還不如等老闆將一切安排好後照做就是，這樣還省心省力。可想而知，如果抱著這樣的心態，他們投入工作的熱情，以及面對困難時思考問題的積極性就會降低，最終影響的還是團隊的整體業績。

我在第一次創業時，也犯過類似的錯誤。那時我跟其他老闆一樣，對員工做任何事情都不放心，每一件事情都要千叮嚀萬囑咐，生怕出現意外。後來我慢慢發現，員工只是想法與我不同而已，而且因為他們久居第一線，有的想法甚至比我的更好。這讓我意識到，要想充分調動員工解決具體問題的積極性，就應該讓員工去搭建屬於自己的工作系統。即使由於經驗不足，偶爾會出現不周到的地方，我也不會求全責備。前提是他必須始終保持認真負責的態度，這樣我就可以放心將事情交給他去做，讓他迅速成長為獨當一面的人才。

管理者的三大角色

跟西方企業相比，中國大部分的企業還沒有進行標準化管理，這是一件很要命的事情。為了適應行動互聯網帶來的猛烈衝擊和日益激烈的國際競爭，管理者有必要用標準化規則對企業管理模式進行大幅改造，只有這樣，企業才能保持長遠競爭力。在展開本節話題之前，先讓我們看看中國企業管理者的日常工作，相信大家對這些情況一定不陌生。

- 只顧著自己做事，不注意協調員工。一段時間後發現，只有自己負責的部分完成了，其他人負責的部分進度還差很多。
- 每天起早貪黑地忙，大部分的時間都在幫員工「善後」，自己分內的工作沒時間做，有時候甚至會後悔當上這個「主管」。
- 希望管理好團隊，跟大家打成一片，平時說話不注意，只考慮下屬，沒有考慮老闆的立場，最後落得「兩邊不是人」。

- 工作有了成績，開始跟員工爭功，所有成就都歸在自己名下，所有責任都推給下屬，造成員工離職，老闆也不滿意。
- 由於怕「教會徒弟，餓死師傅」，不肯下功夫培養員工，團隊各成員得不到進步，在老闆看來，整個團隊裡管理者最優秀。

管理者最常見的心態就是認為自己在受「夾板氣」：管得鬆了，員工完不成工作，老闆怪罪；管得緊了，員工直接辭職，無法完成工作，老闆怪罪。每天辛辛苦苦地為這邊著想，為那邊著想，最後落得兩邊不討好。管理者的心裡感到十分委屈。

其中的原因是什麼呢？在我看來，最大的問題在於定位，管理者對自己的定位並不清楚。有句古話說「名不正則言不順」，知道自己是幹什麼的非常重要。只有清楚這一點，以後所有的工作才有展開的基礎。那麼大家仔細想一下，管理者在企業中是個什麼角色？

依照公司規模不同，管理者的角色定位也會有所不同。一般來說，管理者在團隊中有三種角色定位：**下層執行，中層管理，上層領導**（如圖 2–1 所示）。

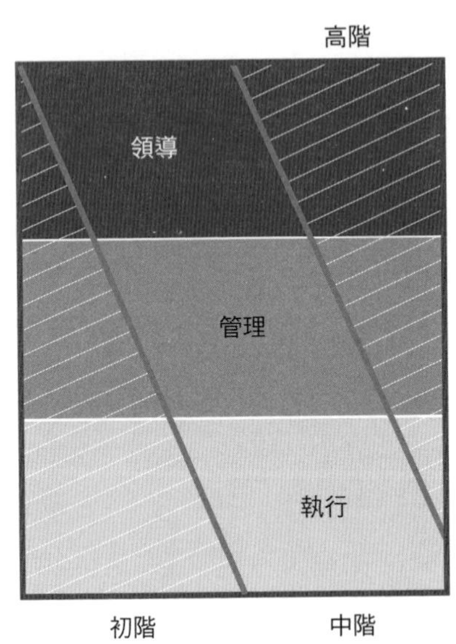

圖 2–1　管理者的三種角色

下層執行：使命必達

初階管理者以執行為重，無論遇到什麼情況，都要保證最後的結果。

「鑽油鐵人」王進喜在老一輩人心中有很高的知名度，他們年輕的時候都學習過「鐵人精神」。「鐵人」的稱號，源自六〇年代，那時，中央準備在松遼平原開採油田，將鑽機運到當地。當時的條件非常艱苦，沒有吊車、拖拉機，怎麼將鑽機卸下車呢？王進喜的辦法是帶領工人「徒手肩扛」。他們用同樣的方法，只用了四天時間便將四十公尺高的鑽井平台樹了起來，這在那個年代是不可想像的事情。

鑽機開始運作後，又遇到一個困難：打井需要用水，但是當時沒有水管等輸水設備。王進喜就帶領團隊用臉盆和水桶接了近五十噸水，保證按時開鑽。在鑽第二口井的時候，由於地層壓力太大發生了井噴，王進喜毅然跳進泥漿池，用身體攪拌泥漿，最終化解了井噴危機。

正是在這種「鐵人精神」的指引下，松遼石油會戰取得了顯著成果，僅花了四個月的時間便鑽探出了著名的大慶油田。

王進喜的身上，完美體現了初階管理者的優秀品質：無論用何種手段，一定要實現最終的結果，也就是「使命必達」。

中層管理：面面俱到

中階管理者是整個團隊的「大管家」，負責團隊中的大小事物。比如，傳達老闆指令、拆分整體目標、協調各部門的工作、考核階段績效等，林林總總，不一而足。

從這個角度說，一個優秀的中階管理者需要具備「面面俱到」的管理才能，以及認真負責的工作態度。有人說這需要具備極強的天賦，否則難以應付紛繁複雜的各種事宜，但是實際情況並非如此。

二〇一六年，美國心理學家安德斯．艾瑞克森出了一本名為《刻意練習》的書，對我的價值觀影響很大。在書中，艾瑞克森寫道：「世界上任何領域都沒有天才，音樂沒有，創業沒有，管理當然也沒有。那些所謂優秀的管理天才都是透過大量的練習才掌握優於別人的技能的。」

我們經常會熱衷於讀創業者的故事，驚歎於他們取得的巨大成就，並將他們奉為「天才」。實際上，這是他們在自己領域內刻意練習的結果。他們將工作當作刻意練習，久而久之獲得了更好的工作技能，一旦抓住創業的機會，會發現工作中的無窮樂趣，勇往直前，直至成功。比如，360的周鴻禕、騰訊的馬化騰和百度的李彥宏等互聯網大老，其實本身都是潛藏的程式設計高手。

懂得刻意練習的原理，我們就能明白：管理領域沒有天才，想要成為一個優秀的中階管理者，唯一的途徑就是練習、練習、再練習。

高層領導：營造氛圍

一些規模較大的企業的主管屬於企業中的高階管理者。他們需要考慮的問題是：做任何一件事對整個大團隊情緒會產生怎樣的影響。

曹操在官渡之戰大敗袁紹，衝入敵軍營帳後繳獲了一堆信函，很多是自己的部屬和袁紹私下的通信。如果是一般人處理這件事，接下來的步驟就是調查這些信件是誰寫的，然後以通敵叛國之名治罪。事實上，曹操手下有很多人也提出了這樣的建議。

曹操看到這個情景，說了一句特別耐人尋味的話：「紹盛時，孤尚不得自保，況他人乎？」意思是在官渡之戰以前，袁紹兵強馬壯、咄咄逼人，就連我曹操也不能自保，其他人就更不用說了。說完這句話，曹操就將這些書信付之一炬，既往不咎。如此一來，曹操手下的官員將領便放寬了心，更加鐵心追隨。

水至清則無魚，人至察則無徒。曹操之所以能夠成為三國英雄，並且他的團隊長期保持強大的對外攻勢，越來越多的人願意投奔曹操，都與他的管理手段有直接的關係。

認清自身的實力位置

說到這裡，大家可能會產生這樣的感覺：高階主管的工作很輕鬆啊，只需要營造氛圍，不需要管理那些婆婆媽媽的小事，還是做高階主管比較帶勁。

但是我對這些管理者的建議是：請認清自身所處的位置，不要盲目追求高層的管理效果，否則會造成悲劇結果。

四處奔跑的兔子看見在枝頭打盹的貓頭鷹，十分生氣地說：「為什麼你可以悠哉地在樹上瞇著眼睛打盹，而我就必須到處跑，躲避追擊？」貓頭鷹笑著對兔子說：「你也可以睡一會兒啊。」兔子剛剛瞇上眼睛，就被狼一口吃掉了。

這個故事告訴我們，如果想做高階管理者做的事情，就必須有實力坐在高階管理者的位置上。如果不能，那就只能努力幹活，盲目效仿只是死路一條。

執行、管理和領導這三種角色在每個團隊中都缺一不可。對於管理者來說，所處階段不同，這三種角色的分配也不同：如果你是初階管理者，核心任務是完成任務，取得信任；中階管理者辛苦些，需要既能解決問題，又能營造氛圍；高階管理者就要多營造氛圍，借助其他人來達成目標。

優秀管理者都是營造氛圍的高手

說到營造團隊氛圍的話題，我想起了我的第一份工作。當時，我作為《實話實說》節目組成員在中央電視台工作，直屬上級崔永元老師就是一個善於營造團隊氣氛的高手。

在《實話實說》錄製空檔，節目組會供應種類繁多的飲料：礦泉水、紅牛、優酪乳、咖啡等，讓大家隨意喝，而同期央視的其他節目組只有礦泉水。我當時不甚理解，便問崔老師：「老師，不就是錄影嗎？喝個水就行了，為何每次都花這麼多錢買飲料？」

崔老師說：「你說得很對，每次買飲料是花不少錢，但我就是想讓大家知道，我們這組幹什麼都比別組強，喝的飲料都比他們種類多。」

我仔細一想，還真是如此：別組的飯盒標準是六十五元一盒，我們組是一百三十元一盒，配菜的種類更加豐富；央視舉辦拔河比賽，我們組為了爭第一，引進了兩個胖子做外援，殺得其他組人仰馬翻；踢足球踢不過《東方時空》組，崔老師便為我們配備了全套名牌護膝、護腕，讓我們在裝備上勝出。這就是崔老師營造的團隊氛圍：任何事情都要爭第一。

試想一下，如果崔老師為團隊成員提供的飲料和飯盒都比其他團隊強，那成員有沒有可能對崔老師說：「這期節目我們就別那麼拚了，第三就行了。」答案顯然是否定的。那時候，我們衡量節目好壞的一個重要標準，是坐地鐵時身邊的人有沒有討論這個節目。為了成為街頭巷尾的熱議話題，節目組的所有成員在工作中都投入了百分之二百的精力，將《實話實說》做成了當時全國最熱門的談話類節目。

比意義更重要的東西

熱播時代劇《亮劍》中有兩個主要角色——李雲龍和趙剛。二人分工明確，李雲龍是八路軍獨立團的領導者，趙剛則是實質的管理者。趙剛每天提醒團隊：這件事是對的，可以做；那件事是違抗軍令的，千萬不能做。在趙剛的約束下，獨立團維持了八路軍的優良作風，但是觀眾感受到的獨立團的精氣神，卻是由李雲龍帶來的。

讓我印象最深的情節，是獨立團的一次突圍。當時團隊陷入了敵人的包圍，在寡不敵眾的情況下，李雲龍帶領獨立團突圍成功，清點人數時發現營長張大彪由於負傷並沒有衝出來。此時，李雲龍對大家說：「我們獨立團從成立到現在，還沒有落下過一個兄弟，跟我回去救張大彪！」最後的結果是——張大彪救回來了，但是犧牲了另外七、八個人。

從管理者的角度看，這次營救非常不划算。人員減少意味著戰鬥力減弱，何況救回來的是沒有戰鬥力的傷患。但從領導者的角度看卻並非如此。領導者講究的是氛圍，透過這次營救行動，李雲龍強化了「獨立團從來不落下一個兄弟」的團隊精神，在組織中營造了「生死與共」的氛圍，將形式上分散的獨立團各部分擰成了一個有力的拳頭。

這些是領導者營造氛圍的成功案例。在公司日常管理中，很多管理者並不重視營造氛圍，更偏愛就事論事，甚至有一些管理者還會做出破壞氛圍的事情。

比如，公司經營遇到困難，有些管理者當著員工的面說「今年可能過不了關，馬上要倒閉了」之類負面消極的話。這對員工有什麼影響呢？心理暗示。有時候心理暗示是很要命的。員工會想「老闆都這麼說，那肯定是沒什麼希望了，還是早點找下一份工作吧」，而不是積極想辦法渡過難關。

我們身為管理者，要時常注意自己的言行，因為在升任管理者的時候，就已經自動成為整個團隊的支柱。作為代價，我們的一言一行都會被員工無限放大，對員工產生較大的影響。為什麼有的人成為管理者之後，反而跟團隊的關係不好了？因為他們當上管理者之後，行為細節被放大了。原來作為一般員工能夠被理解的錯誤，變身為管理者之後就會產生很壞的影響。

舉例來說，管理者規定員工不許遲到，但是自己總是遲到，那麼這種規定就沒有說服力。會讓員工感覺管理者的規定不必遵守。一旦形成這樣的印象，管理者在員工心中的權威性就會降低。再有其他工作，員工執行的意願就會大大降低。

營造團隊氛圍的核心原理在於提升員工的工作意願，激發他們的工作熱情。只有這樣，才能為企業留住人才，吸引人才，使企業獲得持續健康的發展。

營造氛圍的目的是贏得人心

在中國企業中，「海底撈」是一個響噹噹的名字。它的案例被人們反覆研究學習，人們都在關注它是如何賺錢的，即所謂經營秘訣。但是我最感興趣的是團隊管理的部分。

海底撈營造團隊氛圍的手段堪稱史無前例。一個最明顯的例子就是海底撈的員工服務顧客的時候很積極，很陽光，完全不同於一般餐館服務員常見的那種半死不活的狀態。雖然工資相差不多，但海底撈員工的離職率僅為一〇%左右，遠低於餐飲行業三六%的平均水準，這也是團隊管理工作業績突出的一個重要體現。下面就讓我們領略一下海底撈營造團隊氛圍的神奇手段。

①給員工宿舍配備保姆

眾所周知，一般的餐飲企業，服務人員在工作時被人呼來喝去是家常便飯，回到宿舍還要面對舍監的管束和責罰。長此以往，他們容易出現心理失衡。但是在海底撈，事情出現了有趣的變化。

每天早上，海底撈的員工起床後可以直接去上班，保姆會幫他們將被子疊好，並將宿舍收拾得乾乾淨淨，甚至在晚上睡覺前幫員工鋪床。給員工家人般的關懷，是不是足夠讓其他餐飲企業的員工羨慕嫉妒恨？

②允許員工談戀愛

一般的餐飲企業，只要發現員工談戀愛，先是警告，如果情況繼續下去，就會開除處理。這種做法讓員工感覺「麵包和愛情不可兼得」，無法積極投入工作，工作的熱情大大降低，對企業發展也會產生消極的影響。

在海底撈，如果兩名員工確定了戀愛關係，公司會給他們租一個單間，讓他們享受二人世界，這在旁人看來是不可想像的事情。海底撈透過這種方式解除了員工的後顧之憂，讓他們可以全心全意地投入到工作之中。

③為員工父母發工資

海底撈在給員工發工資時，一部分直接發給員工，剩下的部分透過郵局匯款寄給員工遠在老家的父母。郵局匯款是一個非常有意思的細節，大家日常生活中肯定不會用了，因為現在銀行和手機轉帳十分方便，隨時隨地都可以轉帳。但海底撈為何選擇這種比較過時的、甚至顯得有點笨的匯款方式呢？目的還是營造氛圍。

海底撈的員工大部分來自偏遠貧困地區，那裡交通、資訊相對封閉。員工工資寄回老家後，郵局通知員工父母取錢。誰家孩子往家裡寄錢，父母臉上就有光，恨不得告訴周邊所有的人，這樣一來，誰家有了匯款全村人很快都會知曉。海底撈此舉的結果是，不僅員工父母，其他父老鄉親也都知道海底撈給員工家裡寄錢了。他們會感激海底撈，並叮囑孩子在那裡好好工作，家鄉的人要找工作，也會首選海底撈。因此，海底撈的員工幾乎都來自同一個地區，很多員工都以在海底撈工作為榮。

④給離職員工發津貼

海底撈的離職員工會得到公司發的一個大紅包，表示員工離職是因為才華出眾，而非被公司辭退。紅包的大小跟離職時的職位有關，職位越高，紅包越大。比如，店長的離職紅包是八萬元，地區經理的離職紅包是二十萬元，而大區經理離職時，會得到海底撈送的火鍋店，價值大約八百萬元。

海底撈團隊管理的精髓，在於千方百計營造獨特的家庭氛圍，為這些背井離鄉的員工提供各種關懷和幫助，讓他們積極投入工作中。我們從海底撈的案例中，可以得到很多啟發。那就是管理者營造氛圍時，應當更加關注員工的內心需求，透過切實可行的手段，真正打動員工，讓他們真正融入團隊。如果僅僅是片面追求利潤，不是真心對待員工，沒有表現出足夠的誠意，效果可能適得其反。

第3課

構建遊戲化組織，讓工作更有趣

伴隨著互聯網成長起來的新一代員工，金錢和夢想已經不是吸引他們工作的最重要的理由，讓工作變得有趣或許是一個不錯的方式。

設定明確的團隊願景

在新時代的環境下，管理能力的突出表現在善於營造氛圍，讓工作變得有趣。具體而言，就是將工作流程遊戲化，即用遊戲的結構來組織工作流程。這聽起來有些不可思議，工作和遊戲完全不同，一個端正嚴肅，一個玩世不恭，怎樣將這兩種截然不同的行為有機結合，將遊戲的思維運用到團隊管理上呢？

我們小時候經常玩的紅白機遊戲《超級瑪利歐》，主要的目標是營救美麗的公主；後來的街機遊戲《三國》，三國英雄不斷地破關打魔王，最終目標是營救美女貂蟬；風靡一時的網路遊戲《魔獸世界》的目標是帶領陣營成長，包括修築城牆、操練兵馬、種植作物等等，並保護陣營不受侵犯。

還有一款遊戲的目標是聯合所有地球人，一起迎戰外星人。地球人打外星人已經是相對比較遠大的目標了，但是這款遊戲的經典之處不止於此。有一天，這個遊戲的所有玩家暫停遊戲，線上下歡呼慶祝全球同時線上人數突破四千萬，共殺死二十億外星人。要知道，四千萬是全世界所有國家軍隊人數的總和，如此龐大的人數總是在地球內部相互廝殺，從未聯合作戰共同對敵。在這款遊戲中，地球人聯合作戰的目標得以實現——四千萬人同時迎戰外星人。毫無疑問，這款遊戲帶給玩家巨大的成就感。在這種成就感中，團隊歸屬感占據非常重要的位置，這也是此款遊戲最吸引人的地方。

這些遊戲無一例外都有一個宏大的目標，這是遊戲設置的第一大關鍵要素。想組建一支優秀的團隊，第一步就是要設定宏大的企業願景。這個願景必須清楚而具體，並且足夠宏大，絕不能僅僅局限於企業團隊這個小領域，而是要定位在更廣闊的範圍中，與人類生活、世界進步等概念相結合。

我們經常聽說這個企業的願景是成為一個受人尊敬的公司，那個企業的願景是成為一個人人嚮往的公司……。這些願景聽起來確實挺好，可惜不夠具體，無法激發員工的積極性。員工會把這個願景看作是老闆的事，跟自己無關。但如果企業的願景是要帶領十三億人讀書，那員工就會感覺跟自己有關，非但如此，企業之外的其他人也會感覺跟自己有關，畢竟誰都會覺得自己是這十三億人中的一員，都願意參與進來。樊登讀書會的各級代理商和推廣大使是被我們宏大願景吸引而自願推廣的。

美國奇點大學的創始執行董事薩利姆・伊斯梅爾寫過一本《指數型組織》。他在書裡講到，想要打造一個指數型組織，設定一個遠大的願景十分重要，而且這個願景一定要誇張一些，宏大一些。

事實證明這一論點是正確的，像 Google、PayPal、Airbnb、Uber 等優秀的國際大企業在創立之初，都有非常宏大的目標，每個成員都感到這個目標與自己有關。只有這樣，大家才會願意參與進來，作為其中的玩家，共同運作這個專案，將遊戲玩下去。

舉個例子，一九九八年 Google 創立時，創始人賴利・佩吉和謝爾蓋・布林提出的企業願景是：「整合全球資訊於一處，人人皆可拜訪並從中受益。」在那個時間點，全球網路飛速發展，網路上產生了大量的資訊，但人們發現想要找到一則對自己有用的資訊非常困難。年輕的讀者可能想像不到，那時人們竟然是隨身帶一個筆記本，碰到有用的網站就把網址抄下來。可見，大家對搜尋引擎的需求有多麼迫切。Google 創立之初的美好願景切中時人要害，兩個對商業計畫一竅不通的創辦人，因人們巨大的需求，獲得了第一筆投資——來自史丹佛校友貝托爾斯海姆的十萬美元。第二年，隨著項目的知名度擴大，又募集到二千五百萬美元，這為 Google 之後的快速發展提供了強大的支援。

撬動「槓桿資產」

一個宏大的願景對於企業有什麼用處呢？按照《指數型組織》一書中的說法，指數型組織的核心就是撬動「槓桿資產」。那什麼是「槓桿資產」？企業怎樣透過宏大願景來撬動「槓桿資產」呢？這就是我們需要解決的一系列問題。

Airbnb 的願景是「四海為家」，它的主要業務為旅遊住宿預訂，但事實上它並不擁有任何一間自己的客房，它的房源是由世界各地被 Airbnb 宏大目標吸引並參與其中的房主提供的。這些客房就是透過一千多名員工辛勤工作組織起來的「槓桿資產」。如果沒有「四海為家」的宏大目標，Airbnb 與這些房東本是毫無關係的。

樊登讀書會每星期在全國各地舉行幾百場讀書活動。這些活動場所不屬於我們，但是有許多咖啡館和書店願意為我們提供活動場所，目的就是讓大家一起讀書學習。

這些書店和咖啡館也不是企業的資產，它們只是被「用讀書改變中國」的宏大目標吸引，自願加入我們，變成我們的「槓桿資產」，參與企業的運作。

可見，「槓桿資產」擁有巨大的魔力，在共同的宏大願景下，不僅每名員工都會感覺企業與自己有關，社會上的其他人也會覺得這個企業與自己息息相關，並願意為企業提供更多幫助。企業便會以非常低的成本獲得源源不斷的高價值資源，最終越來越接近自己的宏大願景。即便最終沒有實現，也會大大提升企業的營運高度。

願景決定企業的高度

你能想像 PayPal 創立之初的願景是什麼嗎？是「改善第三世界人民的生活」。PayPal 創始人彼得．提爾大學畢業之後，特別關注國際政治。他在史丹佛大學向學弟們講解這個項目的時候說：「第三世界國家的人民生活非常艱難。他們生活的國度物資貧乏，買不到必備的生活物品，也不可能長途跋涉到美國來買。如果能夠開發一種軟體，讓他們透過網上支付獲得美國的商品，就可以在很大程度上改善他們的生活。」

這個宏大的願景打動了台下的一位觀眾，程式師馬克斯・列夫琴，二人一拍即合，在一九九八年做出了 **PayPal**。在 **PayPal** 的辦公區，有一個數字顯示板非常顯眼，上面記錄著每一年 **PayPal** 的全球使用人數。最開始這個數字是14，因為 **PayPal** 最初的使用人數是14，而現在這個數字是1.9億。

為了向 **PayPal** 致敬，樊登讀書會上海總部的辦公室裡也豎立著這樣一塊螢幕，我們稱之為「影響中國指數」。樊登讀書會的願景是「用閱讀改變中國」，每年帶領大家讀五十本書。我們相信透過讀書，可以影響更多的人，讓中國變得更好。最開始螢幕上的數字才幾十個人，到了二〇一七年九月已經有二百六十多萬人，並以每天幾千多人的速度遞增。從〇到五十萬，我們花了兩年多的時間；而從五十萬到一百萬，我們只用了半年時間。這就是線性增長和指數增長的區別，這種趨勢反映出，一個企業樹立一個宏大的願景是多麼重要。

企業如何才能樹立宏大的願景呢？我推薦大家讀《哈佛商學院最受歡迎的領導

課》。一個企業如果想要梳理自己的發展願景，最好的方式是全員參與。參與方式是每個成員都要回答哈佛商學院管理實務課教授羅伯·柯普朗在這本書中提出的一系列問題，根據不同的答案找到所有人共有的那部分願景。要知道，在一個團隊中，企業願景不只是管理者的個人意志，還必須得到所有成員認可，是大家可以共同努力的目標。

制定清楚的遊戲規則

玩遊戲時熟悉規則是最重要的，幾乎所有的遊戲都有非常清楚的規則。比如說玩麻將，有人想玩四川麻將，有人想玩北京麻將，如果大家不談攏規則，那就玩不下去。所以，遊戲的前提是規則清楚，人人遵守，這樣遊戲才有繼續的可能。

在 Uber 系統中，司機如果想要接到更多的訂單，有沒有可能去找訂單分配員，拜託他多分配一些訂單給自己，並給他一些好處作為回報？不可能。因為根本不存在訂單分配員。分配訂單這個任務已經屬於遊戲自動流程的一部分，由遊戲規則掌控。司機能不能接到單子，完全取決於司機在系統中的表現評價和他所處的位置。系統會有一套演算法，表現好的司機就會接到越來越多的單子，而表現差的司機單子越來越少。這樣的規則可以督促司機改善服務品質，透過改善服務品質就能獲得更多的機會和報酬。平台透過這套規則激勵司機做出更好的表現，贏得更好的聲譽；而乘客則透過互動參與，獲得更好的服務品質。這是一個共贏的結果，這就是規則的力量。

如果司機覺得這個規則太束縛人，也沒有關係，他隨時可以選擇進入和退出系統。規則鐵面無私，只根據表現分配任務。人人都有機會獲得更高的報酬，前提是他必須遵守規則。

這套系統中完全沒有人為干預，所有營運的核心就是這套演算法。有了這套規則，Uber 才得以存在和發展，可以說這套演算法就是 Uber 的核心資產。

大多數中國企業在很多方面並沒有清楚的遊戲規則。以員工的評價體系為例，一個員工的表現好壞，並不完全取決於他在工作上的成就，還要看他與團隊管理者關係的好壞。正因如此，中國企業中普遍存在所謂「辦公室生存技能」——大家熱衷於在管理者面前表現自己，以期樹立良好的個人印象，搏得青睞，獲得更好的評價。從員工的角度來看，這種技能在企業人數不多的情況下十分可行且效益顯著。

但是，如果團隊中人數眾多，管理者無法全面照顧到，那又該怎麼辦？我們可以看一下韓都衣舍的例子。

韓都衣舍的「海星模式」

韓都衣舍幾乎是一夜之間就變成淘寶第一女裝品牌，尤其是它的老闆趙迎光並不是服裝行業出身，更讓人覺得不可思議。其實也不必驚詫，行業外的人反而更容易顛覆這個行業的生存法則。這大概就是「不識廬山真面目，只緣身在此山中」。那麼這個非服裝行業出身的老闆是如何將衣服賣得風生水起，其中的秘訣是什麼呢？無他，唯規則耳。

服裝業中，代理國外品牌通常一次都只簽約一個品牌，簽約之後集中精力推廣，然後就可以等著收錢了。但是趙迎光的做法不一樣。創業初期，趙迎光一口氣拿到了韓國兩百多家小眾品牌的代理權。按照傳統做法，這種規模的品牌推廣根本無從下手。無論先推廣哪個，後推廣哪個，兩百多個品牌都夠忙一陣子的，而且趙迎光當時根本沒有推廣兩百多個品牌的資金實力。

為了節省開支，他去學校招聘。招來的人也與眾不同，不叫員工，而叫創業者。趙迎光找到了一群來跟著他創業、一起奮鬥的人。加入之後，他把這群人分成三人一組，一個做設計，一個做客服，一個做業務，一組就是一個小型網店，組織架構非常清楚。趙迎光為每個網店小組提供啟動資金十萬元，網店可以在他代理的服裝品牌裡挑款自己賣，利潤與韓都衣舍按比例結算——十萬元本金產生的利潤中三〇％歸公司，剩下的七〇%是小組自行安排。以此類推，無論利潤的七〇%有多少錢，這些錢如何分配都由各個小組自己決定。

大家試想一下，在這樣的規則下，小組成員是不是會卯足全力？當然會啊，這不是普通員工為老闆幹活，這裡面的錢有一大部分是由小組自行支配的，就相當於為自己幹。為自己幹還會偷懶嗎？當然是盡可能多賣了。就這樣，趙迎光將這種小組的模式不斷複製、擴大，韓都衣舍成了一個創業小集體，銷售額得到了空前的提升。

趙迎光制定的遊戲規則，大大激發了每個小組、每個成員的積極性，韓都衣舍六年間銷售額增長了五倍。二〇一六年度營業收入十四．三一億元，成為當之無愧的淘寶第一女裝品牌。

韓都衣舍採用的組織架構在日本叫作阿米巴，西方人則稱之為「海星模式」。乍看之下，蜘蛛和海星的外觀挺像的，都是一個軀幹，還有很多隻腳。但消滅兩者的方式卻截然不同。如果砍掉海星一隻腳，它能夠生長出新的腳，本體不會受到任何影響，斷了的那隻腳還能長成一個新的海星。但蜘蛛不同，如果你砍掉蜘蛛的腳，蜘蛛就會死亡。而「蜘蛛模式」是大多數大型企業採用的一種模式。英國霸菱銀行的倒閉事件就是一個典型的例子，僅一家分行出現問題就導致這個經營百年的老牌金融企業被迫倒閉。

英國霸菱銀行作為老牌的貴族銀行，在國際金融界信譽極佳，就連英國女王也是它的長期客戶。這樣一家聲名顯赫的銀行，在一九九五年卻突然被英國中央銀行宣佈破產。這一消息不僅在國際金融市場引起巨大震動，倫敦股市更是出現暴跌的情況。

霸菱銀行倒閉的真實原因就在於這隻蜘蛛的其中一隻腳出了問題。其新加坡分行期貨部門的首席交易員李森私自挪用銀行資金炒作期貨與選擇權，虧損之後，盲目加槓桿企圖挽回頹勢，再次遭遇暴跌時，虧損已經達到十四億美元，大大超過霸菱銀行集團當時擁有的資本和儲備之總和。在李森畏罪潛逃後，霸菱銀行面對巨額虧損根本無計可施，大家只能眼睜睜看著這家擁有著兩百多年優秀經營歷史的貴族銀行，被迫宣佈破產，最後被荷蘭銀行以象徵性的一英鎊收購。

互聯網更優化「海星模式」

中國的一些著名企業，比如海爾、聯想等，都曾嘗試過「海星模式」，但大多收效甚微，而 Uber、Airbnb 等公司卻因為採用海星模式發展得如火如荼，原因何在呢？

其實主要是因為行動互聯網的普及。在行動互聯網時代，個人能力得到無限放大，少數幾個人甚至一個人就可以自成小團體，獨立承擔很多工作。

比如順豐快遞的快遞員在上門服務時，隨身會攜帶電子訂單設備、追蹤設備和刷卡設備，這就堪比一家小型快遞公司了。由於承擔了快遞公司的大部分職能，順豐的優秀快遞員月薪達到人民幣兩萬元左右也就不足為奇了。

自動櫃員機（ATM）也是一個典型例子。由於人力資源、房租等各種高昂成本，現在大多數銀行已不再熱衷於做分行開展，取而代之的擴展業務方式是放置ATM。透過簡單的銀行終端，便可實現分行的部分基本功能，大大降低了銀行的營運成本，每年還可以為銀行賺到兩億多元。而且一台ATM就算壞掉也不會影響整個銀行的運作。

將員工打造成業務網站的海星模式，是中國企業未來的發展方向，而企業的職責就是為員工提供清楚且富有吸引力的規則。這種規則一旦確定，推行海星模式的企業

就可以實現飛速擴張。在這個過程中，團隊的管理者需要不斷優化規則，包括團隊的激勵機制、財務結算方式和授權方式等都需要不斷地提升。傳統管理方式下，員工要對上司負責，工作進度向上司彙報，不可避免地會出現一些人為的效率損失；而在新的管理方式下，員工只需要對遊戲規則負責，不用刻意去討好管理者，工作效率就會大大提升。

建立即時的回饋系統

在遊戲中，即時回饋與玩家黏著度有著密切關聯。玩家在一番艱苦打鬥後殺死怪物，就可以積攢經驗，升級能力，而且遊戲系統會掉出一些武器和裝備。每到一定的級別，系統還會給出相應的額外獎勵。雖然這些只是遊戲中的虛擬道具，給玩家帶來的心理滿足感卻無比真實。這種滿足感會刺激他繼續玩下去，所以遊戲線上時間也就越來越長。很少有人能夠抵擋得住這種即刻就獲得滿足的心理，這也是一些未成年人玩遊戲會上癮的根本原因。孩子自制力差，就會被這種滿足感控制，周而復始地陷入遊戲的迴圈裡不想出來。而對遊戲設計者來說，一款遊戲是否成功，跟它的回饋機制是否完善有很大的關係。

例如《全民飛機大戰》是騰訊出品的一款爆紅線上遊戲，擁有非常可觀的同時在線人數。其實這款遊戲並非騰訊首創，騰訊只是在收購遊戲後對其回饋機制加以改進。在原來的遊戲中，直接排名需要輸入一些資料才可以看到，而在騰訊改良過的遊戲中，玩家可以輕易看到自己的即時排名，這個排名時時刻刻刺激著玩家的比較心理——有些玩家對於自己在好友中的排名非常在意，為了提升自己的排名，會花費大量時間在遊戲上，提升自己的遊戲技巧，進而在遊戲中贏得勝利。

從這個角度看，即時回饋為玩家提供了新的心理刺激點，能夠有效激發玩家的遊戲熱情。雖然這一方式在團隊管理中同樣適用，但是一直以來沒有得到中國企業管理者的足夠重視。我參觀過很多國內的互聯網公司，給我的感覺是工作氛圍非常沉悶。大家都忙於各自的工作，很少交流，屋子裡面沒有聲音，只聽到敲擊鍵盤的聲音響個不停。然而在另外一些互聯網企業，情況卻完全不同。就拿騰訊來說吧。

想盡辦法獎勵員工

騰訊的「發獎文化」聞名業界。我有一個朋友是騰訊的老員工，他告訴我：「在騰訊工作，只有兩件事，要麼發獎，要麼在前往發獎的路上。」每天早上上班之前必定會「巧立名目」開個晨會，騰訊的團隊管理者總會想方設法給員工發獎。比如，為獨立完成任務的員工頒發最佳成就獎，為任務失敗的員工頒發最佳探索獎，員工減肥成功頒發一個最有毅力獎，甚至有女員工做了整容手術，還會為其頒發一個最佳顏值獎……總而言之，有機會一定要發獎；沒有機會，創造機會也要發獎。

要知道，在現在的互聯網公司中，員工大多數都是八〇後和九〇後，這種輕鬆愉悅的工作氛圍對他們很有吸引力，讓他們對每一天的工作都充滿期待。

提起頻繁發獎，保險公司是無法繞過的話題。在金融行業，保險公司的資金實力最雄厚，現在很多收購案例背後都有保險公司的身影。保險公司的老闆最得意的地方在於，他不給員工發工資，但是員工還是拚了命為他做事，這跟其他金融企業的普遍高薪形成了鮮明的反差。人們想知道，這些連底薪都沒有的保險公司員工，為什麼做事那麼帶勁？有一天他們請我上課，回來的時候我終於把這個問題想通了。

當天上課非常順利，我講完課後他們就開始頒獎，而且每一個上台的人都會得到一個獎盃。突然，主持人請我上台，我想我也不是這個公司的員工，是不是讓我當頒獎嘉賓呢？正當我在思考，他們的主管宣佈：「給樊登老師頒發一個學識淵博獎。」台下員工開始歡呼鼓掌。雖然我不是他們的員工，但這種方式讓人覺得很親切。

這就是我在保險公司得獎的經歷，這個獎盃的來歷有點兒無稽，也沒有證書和獎金，但是我絕對不會扔掉它，反而鄭重其事將它擺在我家書架上，有時候還會跟兒子炫耀一下說：「看，這個是爸爸得到的學識淵博獎。」

對員工的即時回饋就是最好的肯定

為什麼一個人會如此在意別人怎麼評價自己呢？即便是沒有任何實質性的獎勵，只有淡淡的一句表揚。比如有一天小組成員對你說：「你真的很棒，我跟你學到了很多」，就足以讓你一整天都眉開眼笑。要了解這個問題，我們需要從人類學角度去解釋。雖然現代人的生活環境和思維方式跟原始人相比已經有了劇烈的變化，但是我們體內仍然有原始人的影子。現代人對同伴評價的重視其實來源於原始祖先。原始社會的生存環境異常艱苦，與天鬥（自然災害），與地鬥（飛禽走獸），與人鬥（其他部落），每天都面臨生死危機，沒有同伴的原始人很難存活。因此同伴評價就顯得尤為重要，所謂「眾口鑠金」「人言可畏」，說的正是這個道理。

我在做講師時也是如此。剛入行時，假如需要我單獨發表一場演講，上台前我一定非常緊張，演講時難免出現邏輯不清、發音有誤等狀況，此時如果看到台下觀眾表情木然、毫無熱情，這種緊張的感覺就會達到頂點，進而產生自我否定——觀眾一點兒反應都沒有，一定是都不喜歡我。

所以團隊領導者需要了解人性，那就是每個人內心的那個原始人都需要來自群體的認可。在團隊中工作生活的成員，他們需要來自老闆的回饋，來自同事的回饋，以及來自客戶的回饋。然而，企業的管理者在給員工回饋這方面顯然做得非常不夠。打個比方，開會時領導者通常都會說：「好的，閒話就不多說了，直接進入主題，談工作吧。」

這種談話方式會讓員工感覺非常「沒勁」，其中的原因就是容易讓員工覺得自己的工作沒有任何意義，繼而喪失奮鬥的激情和方向。

即時回饋是工作流程中非常重要的一個面向。管理者對團隊成員工作的即時回饋，既是對員工以往工作的巨大肯定，也是對員工本身的肯定，並能為將來的工作指明方向。員工如果無法獲得即時回饋，會覺得自己不受重視，從而迷失努力的方向。長此以往，員工的工作熱情就會慢慢消失，就想著「當一天和尚撞一天鐘」，消極對待，最後受損的還是企業自身。

自願參與的遊戲機制

遊戲的最後一個重要特徵就是自願參與、隨時退出，不存在強迫性。試想，玩遊戲的時候如果受到脅迫，還有哪一個玩家會有興致繼續玩下去呢？

舉一個極端的例子。四個人玩麻將玩得正開心，其中一個人要輸了，情急之下掏出一把手槍，要其他人洗牌重來，剛才那一局不算。這種情況下，誰還會有心思繼續玩下去呢？在受脅迫的情況下，別指望一個遊戲還會繼續下去，這也是我不贊成利用「恐懼」這種情緒來管理企業的原因之一。

我經常跟員工講的一句話就是，要是只為了賺錢，實在沒有必要綁定在公司裡面上班。現在賺錢的方式很多，做滴滴司機、開早餐店都可以獲得不錯的收入，還比上班自由。那麼一個員工為什麼要放棄一種自由而多金的生活方式來公司上班呢？只能靠自願了。

在此基礎上，管理者需要認知到，員工是自由的。他可以來，也可以不來。來是因為他願意，傷害了這種意願，員工的工作註定長久不了。

員工和企業的相處建立在自願平等的基礎上，管理者不應該採取任何強壓姿態。由雷德．霍夫曼、班．卡斯諾查和克里斯．葉合著的《聯盟世代：緊密相連世界的新工作模式》一書，書幫助很多企業改善了招聘流程，更新了用人觀念，最終讓員工自願上班。書中的核心價值，在於幫助大家認清了職場上長期流傳的兩大謊言。一個是管理者說的「你好好幹，我不會虧待你的」。另一個是員工說的「老闆你放心，我會好好幹的」。

當企業真正遭遇困難的時候，比如戰略轉型、資金吃緊，管理者首先想的就是裁員，認為只要裁員，成本降下來，企業就能渡過眼前的難關。而員工時時刻刻盤算的問題是，如何獲得更好的職業發展。這個工作雖然不好，但是現在先做著，騎驢找馬，一旦找到更好的去處，就會毫不猶豫地辭職。因此在一般情境下，管理者和前員工見面是件非常尷尬的事情，以前一起工作時說的都是同甘共苦，轉眼已各立山頭。有些公司的員工和老闆的關係就是這麼鬧崩的。

某個公司曾對員工承諾五年之後上市，結果沒到五年的時候，員工辭職去了別的上市公司，老闆就在各種場合說這個員工不好、對企業不忠誠等，甚至鼓動身邊的朋友不要買員工新公司的股票。

為什麼非要走到這個地步呢？為什麼離職不能變得更加體面一些呢？其中最重要的原因就是企業管理者自己相信那個流傳已久的員工的謊言，並認為員工會一直陪著企業幹下去。但是在現實情況下，這可能嗎？現代社會，員工平均幾年換一次工作不是很正常嗎？

在人員流動如此頻繁的現在，一個員工在一家公司工作了十年，或者五年，就已經算是非常不錯的了。員工和管理者之間的關係越親近，在需要分開的時候，能否採用更加平和的方式好聚好散，就需要管理者改變原有對員工與企業關係的看法，建立新的聯盟關係。

企業與員工之間的聯盟關係究竟應該如何建立呢？實際上要做到這一點，在招聘環節就應該著手。在面試環節，企業可以透過多種手段進行人員篩選，挑選出自願參與遊戲的人員，從而在後期的工作中節省很多精力。

找到自願參與的人

大家知道一些著名跨國公司，比如Google，它們之所以能夠快速獲得擴張和發展，在人事制度方面有什麼過人之處嗎？

Google執行董事長艾力克·施密特和前高級副總裁強納森·羅森柏格在兩人合著的《Google模式》一書中，寫到了Google公司異常嚴格的人員招聘環節，其中最大的特點就是CEO會參與其中。

按照書中說法，Google將經過層層篩選後留下的、在工作中不摻雜任何個人情緒的員工稱為「智慧創做者」（smart creative）。

在一般公司裡，員工正常工作，如果突然收到調換工作崗位的通知，雖然一般不敢直接跟老闆抗議，但還是會產生一些負面情緒。比如：憑什麼讓他代替我的工作，這樣會讓我很沒面子等等。會這樣想的員工肯定不是「智慧創做者」，因為這些負面情緒會使他的工作速度減慢、效率降低，進而影響到企業的正常工作進度。

同樣的情況發生在「智慧創做者」身上，會有什麼不同呢？「智慧創做者」關注的是工作有沒有因此變得更加順利、產品更加優異。雖然也會產生負面情緒，但是他們並不會因此消極怠工。他們向老闆報告，也只是從工作角度來談，不會夾帶任何個人情緒。換句話說，他們更加關注在人員更換之後，工作能否進行得更加順利，而不是自己為什麼會被無故調離。如果新人可以做得更好，「智慧創做者」反而會向他們表示祝賀並且跟他們學習工作經驗。

「智慧創做者」的這種素質，使他們只專注於自己的工作，而不會將負面情緒帶到工作中來。這其實是職場人士非常需要追求的基本素養之一，也是 Google 在人員招聘時最看重的員工素質之一。

為員工設置期望值

人力資源部門最開心的事情就是招到了合適的人才，合約已經簽好，員工可以上班。但這還不是招聘的終點。如果想要與員工建立聯盟關係，需要人事部門接下來問員工兩個問題：

①你打算在公司工作多久？

②你打算在這段時期內做到什麼職位？

為什麼要問這兩個問題呢？這其實是透過設置員工的期望值，盡可能點燃員工的工作熱情。

日本經營之聖稻盛和夫將員工分為三類：**第一類叫自燃型**，指那種無論做什麼事情都很有幹勁的人；**第二類叫點燃型**，指那種需要別人提點才能激發內在能量的人；**第三類叫阻燃型**，指那種無論外界如何變化，都很難激發內在動力的人。

我們在工作中最常見到的就是阻燃型員工。他們將工作做不好的原因歸結於外部條件：工資太低，所以我做成這樣已經可以了；老闆太壞，我偷懶也剛好而已等等。有些阻燃型員工在工作很多年後，依然沒有晉升，便會將問題都歸咎於別人，從來也不考慮是不是自己的問題。這就是典型的「所有錯都是別人的錯」，自己永遠是被害者。他們可以隨便找出很多理由來消磨時光，而不是積極想辦法提升自己。

這個問題產生的根源，其實與中式教育有很大關係。殘酷的應試教育，過早地剝奪了孩子們主動追求知識的樂趣，將學習變成了許多人一生的噩夢。孩子們在入學之前，對世界充滿了好奇，總是問這是什麼，為什麼，滿心想要探索周圍的世界。但是經過十年寒窗苦讀，高考之後，把書一扔，感覺解放了。上了大學之後，開始沉迷於玩樂，千方百計地蹺課，有的學生甚至患上了「厭學症」。讓這樣的學生回歸課堂的唯一動力只能來自外部，比如點名、考試、拿畢業證書等。

學校教育將大部分人從主動型人格變成被動型人格，無論做任何事都會先考慮別人怎麼對待他，做任何事情，都能給你說出一大堆理由。這種員工很難被改造、被激發，要想讓他們主動參與某件事是十分困難的。

但是對於自燃型和點燃型員工來說，上文提到的那兩個問題，就很有可能激發他們的工作熱情，對後期的團隊管理助益明顯。

比如小張說：「我想在三年之內成為一個可以獨當一面的專案經理，獨立經營一個頻道。」

管理者就可以承諾他：「三年之後，我一定將你培養成一個專案經理，讓你獨立經營一個頻道。」

接下來就可以和他一同展望未來三年他的發展道路，並做出較為詳細的規畫。比如要做到這樣，你必須在第一年學習哪些內容，第二年要如何發展，第三年要達到怎樣的標準才能做到專案經理。專案經理需要掌握的一些技能、需要參加的會議和需要工作的時數等都可以進行預設，越詳細越好。這種做法能夠讓員工清楚認識到：設立一個目標很簡單，但是想達成目標，要付出很多努力，做出很多犧牲。這樣做也可以讓員工對以後的工作內容和工作場景有所預見，後期遇到問題時就不會慌亂無措。

那麼跟上述招聘方式相比，傳統招聘方式最大的缺點在哪裡呢？人力資源部在招聘的時候最常犯的錯誤就是把公司說得太好。比如：來我們公司工作，可以有上海戶口、住房補貼、交通補貼等等。你用種種企業優點招聘來的，都是一些相比企業的發展前景，可能更在意招聘條件的人。他們就是衝著上海戶口，衝著有各種補貼來的。真到了公司一看，根本沒有招聘時說得那麼好，每天加班怎麼不早說啊，累死了。

招聘過程過度提高員工對企業的期望值，結果期望越高，失望越大。簡單來說就是，本來說好要給我兩顆糖的，現在你卻說只能給一顆，那我自然也只做一顆糖的工。因此，對員工期望值的設置是否合理，也是團隊管理能力高低的一個表現。

阿里巴巴創始人馬雲曾經有一段轟動一時的言論：「在招人的時候要壞一點，最好將醜話說在前面，比如公司的業務做起來又苦又累，時間長還沒有加班費，但是公司的前景是遠大的等等。如果說成這樣，還有員工要留下來，那留下來的員工就是與企業目標高度一致的人，這樣的人才可以與企業一起成長，一起改變世界。」

這種說法其實與前文提到的做法有異曲同工之妙。管理者在招聘時不妨降低員工對於企業的期望值，由於前期的期望值較低，當他發現公司還有免費午餐、各種補助以及相處融洽的同事時，對企業的好感度就會瞬間提升，他就會自願留在公司並努力工作。

善用協議書，適時提醒員工

聯盟關係的招聘過程中還有一個重要的環節：簽訂協議書。透過了解員工的職涯規畫，比如三年之內做到專案經理的位子並獨立經營一個頻道，企業要跟員工簽訂一份協議書，規定好三年之內各自的義務。但是這份協議書是不具法律效力的，也不是用來脅迫員工的工具。為什麼這麼說呢？

大家一定有過這樣的經歷：一個員工到公司工作，前半年，鬥志昂揚，每天辛勤工作，半年之後卻委靡不振。很正常對不對？這個時候管理者是不是需要拿著當年的協議書跟員工對質：「當時你是怎麼說的？怎麼才半年，就變成這個樣子了？」這是完全沒有必要的。如果管理者這樣做，就變成一種脅迫，這個遊戲就沒辦法繼續下去了。這份協議書不是一份脅迫工具，只是起到提醒的作用。

管理者完全可以換一種語氣跟員工說：「你還記得當時咱們說的計畫嗎？暫時有困難不要緊，咱們一起加油！」

如果管理者是這樣使用這份協議書的話，員工在接受一些工作任務、出差或是加班的時候，就不會像以往那樣懈怠，反而會認為這是老闆在實現對自己的承諾，在幫助自己成長。讓員工抱著一絲感恩的心態去工作，工作效果自然事半功倍。

第 4 課

釐清關係，建立團隊共識

團隊不應被稱為「家」，而應是一支球隊，
大家聚在一起是為了進步，為了贏得最終勝利。
唯有如此，才能將團隊打造成激烈商戰中無堅不摧的鐵軍。

團隊就是「球隊」，目標就是「贏球」

團隊對於各成員來說是什麼樣的存在？

很多公司經常會將公司比喻成「員工的家」，貌似富有激勵意義，其實並不妥當。大家有沒有發現，家裡的矛盾其實是最多的，夫妻之間、親子之間，兄弟姊妹之間，有的矛盾非常嚴重，有的夫妻吵了一輩子架，有的孩子埋怨自己是不是投錯了胎。

在彼此關係不愉快的時候，家庭反而是一種束縛。一些採用這類宣傳口號的公司，雖然當初的目的是激發員工的參與感，但卻往往讓公司的正常運作陷入尷尬。比如，聯想當年的口號就是「聯想是一個大家庭」，後來由於需要大量裁員，聯想前員工在社交媒體上公開發文〈聯想不是我的家〉，引發了社會各界對聯想的口誅筆伐，對企業的整體形象造成了不少負面影響。從這個例子中大家可以看出，把企業比喻成家，在一些情況下會讓企業陷入很被動的局面。

那麼這種被動是怎麼產生的呢？大家都知道，家庭是每個人的精神港灣，家庭成員一般不會因為表現不好而受到懲罰，甚至被逐出家門。每個家庭中都存在很多矛盾，但是這些矛盾再激烈，也不會影響到家庭成員的既定關係。比如，你不能剝奪任何人做子女或者做父母的權利。

工作團隊則完全不同，團隊的存在是要達成使命，需要每個成員協力同心。管理者對於不太積極的成員做出處理時，仍然是為了團隊更好的發展考量。如果管理者總是喜歡將團隊比喻成家，就會讓員工產生很多的「非分之想」：為何管理者口口聲聲說「我們都是一家人」，但作為家庭一分子的我卻被開除了？那意味著公司為了前途可以放棄「家人」，這是我們常識裡的「家」嗎？這些是領導和員工在團隊理解上巨大偏差造成的消極後果。我們需要承認，當說出「團隊是家」這種話的時候，領導者實際上就做出了對員工的承諾，那就是任何時候都不會放棄員工，而這恰恰是公司做不到的。因此這種說法會使管理者在處理團隊問題時陷入尷尬的局面。

領導者應該將團隊定位成「這是我們的船」「我們是一支球隊」。這種說法很清楚：**大家聚在一起是為了進步，贏得最終勝利，讓團隊變得更加優秀。這個目標才是大家共同的利益**。為了實現這個目標，每個成員都必須進步，有一些調整是完全正常的。

團隊最忌缺乏共識

中國古典四大名著中，其實處處蘊含著團隊管理的思想。《三國演義》中的三大陣營，《水滸傳》中的一百零八條好漢，《紅樓夢》中的四大家族，無不體現著中式管理的智慧與精髓。《西遊記》表現得尤為明顯。能力超絕但不受管束的孫悟空、貪吃懶惰的豬八戒、能力有限勝在忠誠的沙悟淨，以及有犯罪前科但已洗心革面的白龍馬，三徒弟一白馬在強力管理者唐僧的帶領下，組成了無堅不摧、無險不克的戰鬥團隊，一路降妖伏魔，完成了團隊的終極目標——取經。

如果將團隊比喻成球隊的話，員工就可以理解很多事情，主動做與團隊發展方向一致的工作。假如團隊缺乏共識，就會增加內耗，管理者疲於調和內部矛盾，錯失很多寶貴的發展機會。由此可見，建立團隊共識始終是一個非常重要的話題，怎麼強調都不過分。

那麼該如何建立共識，讓大家都朝同一個目標去奮鬥呢？

在日常管理中，可以隨時隨地向員工傳達團隊的目標，但是這種方式的效果非常有限，過於頻繁的傳達甚至有可能讓員工心理麻木，產生不應有的效果。掌握適當時機反而更為重要。

回饋時機是建立團隊共識的最好時機

員工在傾聽管理者回饋的時候，往往是非常認真的，因此管理者應抓住每一次回饋機會，向員工傳達團隊的理念。長此以往，才能使員工與企業的關係更加密切，為完成更大的目標提供重要的信任基礎。許多企業管理者往往會忽視以下兩種場合，殊不知，這二者如果處理得當，會成為凝聚向心力的好機會。

①員工離職時

在大部分的企業中，員工離職對管理者來講彷彿是一個難以上檯面的話題。很多管理者在員工離職時最常見的做法是默不作聲或者說一些模稜兩可的話，例如個人原因、家庭原因等等，反而引起在職員工的諸多猜測，影響他們的工作狀態。

事實上，這種時候是向員工傳遞訊息的絕佳時機。同樣面對員工的離職，優秀的管理者會說：「雖然該離職員工的工作能力很強，但是其工作方向和發展目標跟我們整個團隊不太一致，因此我們選擇讓他離開。」這樣用目標一致這個標準將離職員工與整個團體劃清了界限，不會對現有員工的工作狀態造成負面影響。

②頒發獎金時

管理者另一個不應該一聲不吭的情景是頒發獎金的時候。很多團隊獎金的發放十分神秘低調。員工本來獲得獎金很開心，但是缺少有儀式感的行為，反而讓受褒獎的員工一頭霧水，因為管理者不解釋為什麼發獎金，員工只能猜測其中的原因。這種做法非常奇怪。

事實上，我們頒發獎金給員工，無非是因為員工工作努力，為團隊爭取到了更好的發展機會。但這種肯定需要光明正大地表示出來，讓員工產生一種光榮感。同樣的情況，更好的說法其實是：「你做的工作跟團隊的發展方向是一致的，因此得到獎勵。」

在傳統情境下，領導者對優秀員工的感情是非常複雜的——欣賞他們工作努力，業績突出，但忌憚他們一直挑戰自己的權威，不好管理。這種情況下，對員工強調團隊目標一致性是一個非常好的辦法。確定團隊和員工的目標一致為最高原則之後，團隊管理者對員工提出要求就順理成章了。即使個人能力十分突出，如果無法協作、幫助團隊進步，領導者也可以理直氣壯地進行干預。就像在一支球隊裡，球星拿下的分數再高，但是打法太獨，無法帶動其他隊友得分，導致球隊無法贏球，這種優秀能力的意義也不是很大。

對於在團隊中漏洞百出的成員，其他成員也會感覺到這個人在影響團隊的榮譽和利益，影響目標完成，即使做出讓他離開的決定，其他成員也會理解和支持。

以目標一致為前提，領導者管理團隊的效果會事半功倍。團隊成員也會要求不斷進步，避免扯後腿。員工的正常流動成為一種常態的時候，領導者就會發現，留下的成員都是最精銳的，團隊會以最快的速度成長，更快達成目標。

天下沒有不散的筵席，管理者要明白員工進入公司並不意味著他可以永遠在這裡工作。領導者應珍惜彼此在一起工作的時間，在共事的日子裡，為提升員工專業技能和職業素養做出最大的努力，將團隊打造成一支優秀的「球隊」。即使某個員工將來離開了團隊，大家也還是朋友，也會祝福彼此獲得更好的發展。

以和為貴使人誤解

在紐約證交所成立之初，當時許多名震一時的大公司，只有一家活到了今天，就是發明家愛迪生創建的奇異公司（GE）。傳奇執行者傑克．威爾許將奇異的市值由他上任時的一百三十億美元提升到四千八百億美元，排名也從世界第十攀升至當時的世界第一。美國的世界五百強企業，六〇%都由奇異的離職員工創辦。為什麼奇異的離職員工都這麼厲害呢？

在《商業的本質》這本書中，威爾許回答了這個問題：「企業要將員工視為投資人。員工為企業的成長投資了最寶貴的資源——時間，因此企業要保證在這些時間內讓員工有所提升，變得比從前更好。企業管理者嚴格管理員工，就是為了提升員工的職場價值。」

威爾許的管理方式可謂嚴苛，他曾被媒體批評為「中子彈傑克」，裁員有如中子彈，殺人而不傷一物。他曾說自己的管理風格是：「盡情咒罵，猛烈抨擊」。這種瘋狂的行為，大部分中國企業家都做不來。

在中國，多數團隊都信奉一種「以和為貴」的群體思想叫作。大家一團和氣最好，見面總是微笑，表面雲淡風輕。員工表現得好，領導自然樂得省事，萬一員工表現不好，領導不得不說的時候，也總是閃爍其詞，欲語還休，擔心過於嚴格會引起員工的反感，員工有了情緒反而對工作更加不利。歸根究底，這是東西方思維的又一次碰撞。

「以和為貴」的東方思維時時刻刻傳遞出「團隊是家」的訊息，讓員工產生一種「領導者即使不滿意，也是睜一隻眼閉一隻眼，不會斤斤計較，不會撕破臉，因為怕被外人看笑話」的錯覺。而在以威爾許為代表的西方管理者眼中，員工的目標必須跟團隊一致：「作為球隊，目標就是贏球，比賽第一，友誼第二」。每個成員為了這個目標都必須竭盡全力，需要成為虎狼，而不是綿羊。

當每位成員都認可目標共識時，一加上一就會產生大於二的效果。團隊中的每個人都會自覺透過不斷進步來提升自我價值，從而獲得更好的收入，沒有人會幻想混日子就可以向上爬。這種共識能夠有效激發團隊成員挖掘自身的潛能，不斷鞭策自己進步，最終實現團隊利益和個人利益的「雙贏」。

經驗的價值

「加薪」也是一個非常敏感的話題。上述情況下，成員的價值獲得提升，加薪是早晚的事。但是一些原地踏步的員工也想加薪，事情就會變得比較棘手。網路上曾經流傳一個職場小白的段子，很有道理。

小白去找老闆要求加薪：「老闆，我都工作十年了，有十年的工作經驗，你為什麼不給我加薪？小王才剛入行兩年，你就給他加薪，這是為什麼？」

老闆回答他說：「你確實工作了十年，但實際上你只有半年工作經驗，你只是將這半年經驗用了十年而已。」

這個段子很有啟發性。對於職場人士來講，如果在工作中沒有開拓新領域、獲得新能力，只是日復一日地重複，所謂的「工作經驗」是非常廉價的，不會對個人職業前途有任何幫助。要想提升個人職業價值，不斷學習是最快的捷徑，不學習就不會有進步。

員工的進步跟管理者的嚴格管理有很大的關係。管理者一定要知道，讓員工進步不僅是員工自己的事，也是團隊最大的成就，是團隊自信的基礎。只有員工不斷進步，團隊才能獲得長足的發展，最終贏得比賽。

從現在開始，理直氣壯地管理員工吧！管理者嚴格管理團隊成員，是對成員的工作時間負責，是為了成員可以更快速地增值，擁有更強的職場競爭力。時間是管理者的朋友，員工可能當時難以理解管理者的良苦用心，但在三五年之後，時間會給他們答案。

把你要員工做的事，變成他自己要做的事

讓我們來想像一個情景：一根不是很粗的繩子放在桌子上，我們不借助任何工具，要怎麼做才能讓它向前移動呢？

方法有兩種，從後面推或者在前面拉。但是甚至不用實際操作，憑著想像我們就會得出結論：第一種方法不可能得到預期的結果，因為繩子很軟，從後面推，繩子要麼亂成一團，要麼轉變方向。而在前面拉則可以輕鬆達到目標。

團隊管理工作也是如此。員工就像那根繩子，從後面推（批評、督促、懲罰）並不能從根本上解決問題，甚至會讓員工產生反彈心理，喪失工作的積極性。反之，如果你能讓員工意識到努力向前是他自己的事，然後在前面拉一把，那麼員工常常能夠爆發出驚人的力量。

你永遠無法叫醒一個裝睡的人。團隊管理更是如此。很多員工始終覺得自己是在為老闆工作、為公司工作、為父母工作、為孩子工作，反正就不是為自己工作。所

以你不推，他不動，甚至你推，他也不動，整個人幹勁不足、積極性不高。這種人的工作業績可想而知。反之，如果你能把自己想要員工做的事，變成他們自己想要做的事，他們就會迸發出更大的熱情，有更大的動力，這樣團隊管理工作就會順暢許多。

對此，我總結了一個「三級火箭」管理系統。眾所周知，火箭擁有三級推動系統，第一級決定火箭能否飛起來，第二級決定火箭能否到達順行軌道，第三級決定火箭最終飛得有多高。團隊管理也是如此。

第一級：強化員工為自己工作的觀念

對於團隊管理來說，第一級推動系統便是強化員工為自己工作的觀念。

小米科技創始人雷軍還在金山工作時，會在新員工入職培訓的時候對他們說：「在你上班的第一天就要告訴自己，我在這工作，每天的工作就是來增加我的能力、擴展我的接觸，豐富我的經驗，我不是為公司工作，也不是為老闆工作。」

這其實就是強化員工為自己工作的觀念的一種方法。員工的觀念——為自己還是為老闆、企業工作，直接決定了他們工作的結果，也就決定了團隊管理工作的成敗。

然而實際上，很多員工從不認為他是在為自己工作，管理者想要強化這種觀念的確有些困難。一五%的人相信才能看見，八〇%的人看見才能相信，五%的人看見也不相信。而領導者要做的就是幫助員工看見工作為他們帶來的改變，讓他們相信，這樣才能強化為自己工作的觀念，最大限度地提升工作積極性。

第二級：用共同的目標管理

第二級推動系統是用共同的目標管理。我們無法讓大家擁有共同的價值觀，但可以讓大家擁有共同的目標。

從創業開始，馬雲就始終強調：「不要讓你的同事為你幹活，而要讓他們為我們的共同目標幹活，團結在一個共同的目標下，要比團結在一個人周圍容易得多。」所以，我們可以看到，馬雲的身邊始終圍繞著一批最出色的人，他們揮灑汗水，甚至在艱難時刻也不離不棄，因為在他們看來，阿里巴巴終能實現他們共同的目標。

沒有高薪、沒有高位，卻能讓各路精英始終為集體的目標釋放激情和幹勁，這就是目標激勵的魅力。我們可以想一下，如果馬雲不懂管理，如果他的員工也像其他企業的員工那樣，認為自己做的工作，完全是在實現老闆的目標、公司的目標，那麼阿里巴巴還會有後來的成就嗎？必然不會。缺少了這種為自己目標工作的心態，員工的參與意識、擁有權意識都會減弱，而這勢必影響工作的效果。

所以，在團隊管理過程中，管理者要注意，一定要讓員工意識到，這不是企業的目標，不是管理者的目標，而是所有人共同的目標，然後讓員工看到目標實現後可能帶來的變化，讓他們心甘情願地做好自己的事情。

第三級：適度並有效授權

想讓員工把工作當成自己的事情，就應該適度授予他一些相應的權力，如此一來，你會發現員工的賣力程度和能力超乎你的想像。

在一次培訓中，一家企業的銷售總監跟我說，他做得最正確的事情就是將手裡的權力部分下放給手下的幾個經理。有了這些權力，這些經理們原本只有七分的幹勁漲到了十分，能力提升非常顯著，而這個銷售總監自己也有了更多的時間去做策略、營運、統籌等更重要的事情。

每個人都具有無限潛力，關鍵看你怎樣去開發。用好這套「三級火箭」管理體系，有助於管理者調動員工的激情，把自己希望員工去做的事情變成員工自己想要去做的事情，這種改變帶來的力量足以讓一個員工從平庸走向卓越，而這也必將給企業帶來實實在在的回報。這無疑是團隊管理的最高境界，沒有其他任何一種管理方式帶來的效果能出其右。

前員工是熟人，而非路人

接下來，我想談一個很多管理者感覺非常棘手的問題：**如何處理與前員工的關係？**這一問題貌似多餘，但其實困擾著很多管理者。為什麼呢？因為你對前員工的態度，現任員工會看在眼裡，放在心上。如果跟前員工的關係處理不好，就容易對現任員工造成消極的心理影響，導致整個團隊軍心動搖，為日後的發展埋下隱患。

那麼，你的員工是如何變成前員工的呢？讓我們從頭來梳理一下。

你招到一名合適的員工，他開始按你的要求工作，一段時間之後，他會對公司團隊文化形成一種自我判斷。轉眼間，合約期限馬上就到了，員工和管理者重新回到了談判桌上，此時無外乎出現以下兩種情況。

第一種情況，員工說：「合約到期了，感覺團隊氛圍很不錯，願意與團隊一起成長，願意續約。」這時，如果公司也同意員工留任，就可以與員工討論續約合約簽幾年，以及幾年之後員工想達成的職涯目標，按照員工既有的職涯規畫行進。

第二種情況，員工說：「合約到期了，但是我由於某種原因不想續約，請主管批准。」出現這種情況，一般意味著該員工已經找到了新的職位或出路，管理者正確的做法應該是恭喜他，並盡可能為他適應新環境提供幫助。比如，開具辭職證明、辦理關係轉移等等，並祝福員工以後工作順利。

天下沒有不散的筵席，人和人之間的相聚本來就是非常短暫的。管理者一定要明白員工雖然離職去了別的公司，但他並不是「背叛」了你。他只是從團隊的成員變成了團隊的「熟人」。

不幸的是，我們經常看到的一種情況是，有一些管理者格局不夠大，跟每一個要走的員工都會鬧翻，甚至採取各種手段把人逼走。這樣一來，公司不僅失去了前員工可能帶來的發展機會，也讓在職員工人心惶惶、心生忌憚。

無論是從企業未來發展的角度，還是安撫現有員工的角度來看，對待前員工的態度都要慎之又慎。管理者對待前員工，應該像對待企業功臣一樣。不要以一己之私，跟每一個人都撕破臉，感覺全世界都對不起你，這種小家子氣的做事方法是不能長久的。領導者需要擁有更大的格局，更寬闊的胸懷。其中最重要的認知轉變是，我們需要承認和堅信：前員工不是陌生的「路人」，不是「背叛」了我們，他們是非常寶貴的資源。

善待前員工的好處

那麼，善待前員工對公司究竟有什麼好處呢？

①給現有員工的示範作用

前員工在公司裡工作了一段時間，跟公司一起成長，在團隊成員中具有一定人脈和影響力。管理者千萬不要小看這種同事關係。在一個團隊中，員工永遠對自己同事的遭遇感同身受，也會從同事的遭遇中推斷老闆的性格。可以說，這是辦公室的自然法則。

公司妥善處理與前員工的關係，會給現有員工起到非常好的示範作用。現有員工會很容易感受到公司和老闆的善意。他們會想，對待離職員工這麼好，跟著這樣的領導做事一定不用擔心被虧待，工作會更安心、踏實。

②維護公司的口碑

在團隊內部，管理者和員工處於相對對立的位置。但是在公司外部看來，前員工曾經是公司的一員，他的話對於公司的影響絲毫不遜於現有員工。處理好與前員工的關係，可以維護公司在業內的口碑。

在公司口碑的樹立過程中，客戶的意見甚至都不是最重要的考量因素，反而是前員工的話經常會一石激起千層浪。人們會想：一個公司是如何逼走為自己辛勤工作的員工的？管理層是不是唯利是圖？這樣的公司值不值得繼續合作？對待自己的員工都如此苛刻，更何況其他人？

③為公司帶來新的發展機遇

一般情況下，員工離職後仍然會在行業圈子裡發展。這類前員工無論在哪個新公司就職，都會給老東家帶來新的合作機會，新的發展機遇。如果企業維持與前員工的關係，就相當於在其他企業擁有了「熟人」，企業的業務拓展多了一條熟路。俗語說「朋友多了路好走」，多一個朋友，對於企業有百利而無一害。

我想很多人對於前員工帶來的前兩種影響力有可能不屑一顧，但是對於第三種影響力往往無法忽視，因為對於任何企業來講，能開發新的合作機會總是好的。

如何經營前員工關係？

善待前員工，真的可以帶來商業機會嗎？究竟應該怎麼做呢？

① 建立前員工聯盟

很多著名跨國公司都有前員工聯盟這類組織，每一年都會邀請所有前員工參加聚會，為大家分享業內合作機會，增進前員工與企業之間的連繫。這種做法在西方管理系統中被稱為「前員工計畫」，是企業擴展商業領域的重要手段之一。

寶僑是全球日用品的領導者，它的前員工聯盟有二十五萬多人。我曾經參加過一次寶僑公司的前員工聚會，大家聚在一起談論在寶僑的工作經歷以及新公司的趣聞，沒有絲毫尷尬。最有意思的是，他們經常一見面就互相詢問對方是哪一屆的——在寶僑公司的工作起始時間。這種提法非常像我們經常參加的校友聚會。這是寶僑前員工聚會的一個整體氛圍。

前員工將寶僑當作一個商學院，每一個人都對這個企業充滿感激之情。雖然寶僑員工的待遇跟現在的一些金融企業和互聯網企業相比不算高，但是很少出現前員工與寶僑公司鬧翻的情況。甚至有的前員工數十年如一日地向身邊朋友推薦寶僑的團購商品。可以看出，雖然已經離開多年，但是他們仍然發自內心地熱愛著這個老東家。

無獨有偶，**LinkedIn** 是全球最大的職業社交網站。它的前員工群有十五萬人左右，九八％分布在美國五百大公司裡。因此，**LinkedIn** 的現任員工很容易就能在其他公司找到熟人幫忙辦事。

這種前員工聯盟的形式也廣泛存在於中國很多企業中，例如，每年都會有一萬多人參加阿里巴巴的前員工聚會，每次聚會馬雲必定出席，與這些前員工侃侃而談，談投資，談合作機會。這些阿里前員工組成的企業團隊被慣稱為「阿里系」，與騰訊系、百度系等同為業界美談。

②投資創業員工

除了另謀高就，員工離開公司也有可能是因為他想自己創業。領導者要做的事情就是，評估前員工的項目，爭取為員工提供創業支持，對員工的項目進行投資或調動資源，幫助新項目獲得成功。

PayPal 的創始人彼得．提爾在自身事業已經非常成功的前提下，對多名離職員工的創業項目進行了投資，獲得豐厚的回報。其中一個前員工的項目就是臉書。提爾在初期投資五十萬美元，截止到二〇一七年五月下旬，臉書市值超過四千兩百億美元。

此後不久，PayPal 的創始元老之一、畢業於耶魯大學的陳士駿也打算辭職創業，同樣獲得了 PayPal 的投資，提爾也因此獲得了巨額的回報。陳士駿創立了 YouTube，二〇〇六年被 Google 以十六．五億美元收購。

PayPal 投資的其他知名項目還有很多，例如美國版的大眾點評網站 Yelp，與美國太空總署簽訂合作計畫的太空探索技術公司 SpaceX，以及在電動車領域至今無人能敵的特斯拉。不過，提爾在二〇一六年最大的投資應當算是美國新任總統川普。在矽谷的創業大老中，只有他支持川普，毫無疑問，他的投資再度得到豐厚的回報。

為什麼要鼓勵企業對離職的創業員工進行投資呢？這跟投資行業的屬性有很大的關係。

眾所周知，投資人最關注的就是創業者或者創業團隊是否可靠。作為一個投資人，與其帶著大量資金投資一個僅有幾面之緣的陌生人，還不如投資已經在一起工作很長時間的前員工。至少，在眾多項目中，前員工是企業最了解的創業夥伴，管理者對於前員工的工作狀態和能力、與人相處的能力、談判能力和意志力等方面都瞭若指掌。相比隨便將資金投給陌生人，投給前員工的風險要小很多。

從另一個層面來看，投資給前員工也是公司快速擴張的一種重要手段。

成立於二〇〇六年的廣東芬尼科技，透過鼓勵內部員工創業，已經成立了十多家新公司。公司的經營範圍也從泳池熱泵這樣的分眾領域，覆蓋至中央空調、空氣能熱水器、淨水器等諸多領域。公司從默默無聞的代工企業一躍成為新三板上市公司。

人才是企業最寶貴的資源，無論是在職員工還是離職員工，只要與企業相遇過，就一定會為企業的發展創造價值。成為一個優秀的領導者，首要的條件就是重視人才，培養人才。

第5課

用目標管人，而不是人管人

目標是一切管理的基礎和開始。
對於個人來說，目標是內心堅不可摧的精神支柱；
對於企業來說，目標是推動企業發展的最大驅動力。

企業管理，說到底就是目標管理

什麼是目標？那種讓人朝思暮想、做夢都想、時刻不忘，而且一想起來就會熱血沸騰的，才能叫目標！毫無疑問，這樣的目標必然能產生極大的驅動力，讓人為了達到目標不斷努力，甚至浴血奮戰。

在企業中，目標管理和目標同樣重要。西方管理學大師彼得．杜拉克在《管理的實踐》一書中就已做出論斷：「企業管理說到底就是目標管理。」目標管理貫穿整個企業內部的各個層級，對每個成員都能起到積極作用。目標管理就是要從目標層面提升團隊各成員的工作積極性，完成共同的使命。由於團隊中人員層級不同，各自任務目標的設置方法也不一樣。具體來講，團隊目標包含以下三大類型。（如圖5-1所示）

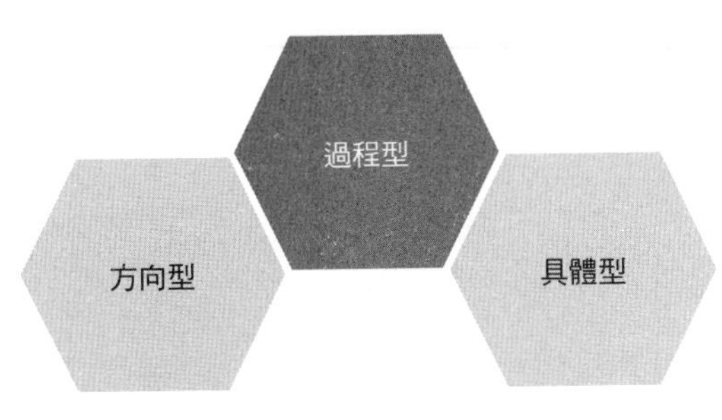

圖 5–1 團隊目標的三大類型

方向型目標

方向型目標是指團隊奮鬥的大方向。它像燈塔一樣，指引著團隊各成員奮鬥的最終方向。比如，「人類智慧的供應商」「建設小康社會」這類目標就是方向型目標。這個類型的目標比較模糊，但是又很能鼓舞人心，說白了就是聽起來非常高大上。這類目標一般由公司高層直接制定。就拿做飯來說，方向型目標就是你要做一桌既好吃又好看的飯菜。

仗要怎麼打很重要，但下一步邁向哪個方向更重要。偉大的團隊，首先要有一個偉大的方向，繼而每一個成員才能在管理者的帶領下朝同一個方向前進。

康菱發動機的創始人溫國生說過一段故事，值得每一位企業家思考：

我近期和美國的一些引擎研發機構進行接觸，對一些問題深有感觸。這些機構的領導者都是來自福特、通用汽車、康明斯等企業的高端技術人才，他們還有一個共同的特點—對技術創新有一種強烈的渴望。他們離開原來的高管位置投身新創建的企業，很大的程度上不是為了賺錢，而是為了發展一種新的技術，從而給人類生活帶來更大的進步。

這些來自歐洲各國和美國各地的科技人員為了研發出改變人類生活的新技術，可以默默耕耘十年乃至更長時間。在某種程度上，他們對於自己的工作有一種強烈的宗教式使命感和責任感，有一種「活著就要改變世界」的信仰。

和他們相比，中國的企業家更渴望獲得更大的影響力和更多的財富。由於缺乏那種發自靈魂深處，因對新技術真切渴求而爆發出來的激情、無畏和創造力等，中國要想出現比爾．蓋茲、賈伯斯、祖克伯那種影響力巨大的創新型人才是有困難的。

這段故事讓我想起了日本趨勢大師大前研一的一番話：「我發現很多中國的企業

家，在做一個項目時，首先考慮的是能賺多少錢，而很多日本企業家的思考原點是能為世界做出什麼貢獻。所以任天堂的老闆手上有幾百億元的時候，也沒有做房地產，只專注在遊戲產業，這是贏的根本！」

從長遠來看，團隊比的是方向和規畫。方向不對，努力白費。諾基亞的方向是生產出更實用的手機，而蘋果的方向是生產出更智慧的手機。對錯是非，時間已經給出了最明確的答案。

過程型目標

過程型目標是指團隊近期可以達到的效果。這類型的目標一般都是具有一定邏輯性的，結構性也比較強，比如今年第一季銷售額要優於去年同期。這一類目標，一般由企業的中層管理者基於對戰略性方向型目標的正確拆分來制定。由於過程型目標起到承上啟下的作用，同時涉及企業各環節和各部門之間的協調運作，制定起來非常複雜。

作為過程型目標的制定者，中層管理者需要充分蒐集方方面面的資料作為參考，對各部門的實際能力進行合理評估，對需要授權的區域和類型要有明確的畫分，對目標考核的可行性要有具體的方案，這些都是過程型目標制定中需要注意的細節。再拿做飯來打比方，這一目標就是你要確定自己做飯的大體過程，比如先做主食、後做配菜，你要先整理什麼材料等等，免得做的時候手忙腳亂，把廚房弄得像戰場。

具體型目標

具體型目標是指一些具體的資料指標。比如，銷售額達到六千萬元，訂單量突破兩萬，客戶滿意率百分之百等等。這樣的目標一般由基層管理者制定，分發給各個具體成員，用於指導成員日常工作。對於基層管理者而言，由於管理區域有限，人員有限，對執行力的要求就比較高。制定的目標要根據員工的實際能力而定，並盡全力幫助員工解決工作中遇到的困難，保證最後能夠完成任務。這一步就相當於做飯的動手時刻，你要準備多少主食、多少配菜，每道菜要用多少食材，每一步都要按部就班，只有這樣你才能做出一桌色香味俱全的飯菜。

在企業設置目標的時候，以上三個類型的目標構成了企業的目標管理系統，相輔相成，缺一不可。方向型目標需要落實到具體目標才有可操作性，而每一個具體的目標都需要與關乎大局的方向型目標保持一致，才能對公司的發展有利。過程型目標是具體目標一步一步接近方向型目標不可或缺的步驟，是目標管理體系中至關重要的部分。

此時，團隊管理者的價值和意義也就體現出來了。管理者不僅是方向型目標的踐行者和推動者，保證企業每一個員工的行為都圍繞方向型目標展開，同時也是團隊具體目標的制定者和維護者，必須保證團隊具體目標和企業目標是一致的。透過促成過程型目標的實現，確保具體目標活動能夠得到有效開展和落實，最終實現企業的方向型目標。

目標，是企業的願景和靈魂。推動企業方向型目標的完成，則是團隊管理者存在的意義和使命。一個有使命感的團隊管理者，代表了企業真正的魂。也只有這樣的團隊管理者才能謀畫千計萬計、克服千難萬難，一步一步地朝著企業的方向型目標前

進。而只有以企業的方向型目標為導向，整個團隊的管理工作才能有章可循、條理清晰、一通百通。

目標管理的四大難題

毫無疑問，在企業中推行目標管理系統是一件既能提高企業效益，又能提升團隊凝聚力的好事，但這絲毫不意味著設置目標是一件容易的事情。甚至，在幫企業做培訓和諮詢的過程中，我聽到很多團隊管理者叫苦連連。一方面，他們在實際的日常管理工作中，對目標管理系統有一些質疑，另一方面，他們也體會到了設置目標所帶來的苦惱。

難題一：成員參與度不夠，執行積極性不高

關於目標，飛利浦CEO萬豪敦曾經說過：「設定目標並不困難，如何找到一個有實踐意義的目標卻不容易。而且，要想實踐這個目標，還需要取得團隊中每個人的贊同，能做到這一點是最困難的，畢竟眾口難調，每個人有每個人的想法。」

企業在目標設定的環節最經常出現的問題就是成員參與度不夠。目標由管理層「拍腦袋」設定，並沒有經過真實的調查研究，管理層設定好後就分發給各級成員。員工在毫無準備的情況下突然被設定了一個具體目標，對這些目標能否完成就會產生一些爭論和質疑。這樣設定出來的目標，很容易會使成員的工作熱情受挫。

解決這個問題最好的辦法，就是讓每個成員都參與進來。這樣一來，成員對目標的認知會更加清晰，從而更加充分地認識自身目標的重要性，執行起來也就更加順利。

稻盛和夫先生被稱為「日本經營之聖」，一手打造了三家世界五百大企業，成就斐然。但就連這位「經營之聖」，在剛開始管理團隊時同樣遭遇過失敗。

京都陶瓷創辦之際，百業待舉。出於快速發展的目的，稻盛和夫不斷要求員工加班。他的初衷是為企業著想，但卻遭遇了一次大罷工。這是因為當時企業目標只存在於幾個少數的管理者心中，員工並不清楚。員工只知道每天加班、加班，還是加班。久而久之，身心俱疲，最終爆發了罷工。員工的態度非常堅決，必須加薪或增加獎金。經過三天三夜的艱難談判，企業終於和員工達成了共識。

作為員工，如果沒有更高層次的追求，就會在低層次中跟團隊管理者鬥智鬥勇，以追求自身利益的最大化。正是汲取了這次失敗的教訓，稻盛和夫在領導日航破產重建時，上任的第一天就說了一句激勵人心的話，讓無比消沉的日航員工瞬間激情澎湃：「讓我們為了日航而奮鬥吧。」有了這個目標的激勵，員工很快恢復工作熱情，站在垂死邊緣的日航也在不到三年的時間裡起死回生，於二〇一三年九月在東京證券交易所重新上市。

如果有成員不知道團隊目標，那麼他就可能成為團隊的「負力」。團隊不只是管理者的遊戲，更是所有團隊成員的共同平台。要想讓員工在目標管理的作用下爆發最大的激情和幹勁，首先就要確保這個目標是在全體團隊成員的共同參與下制定出來的。共同參與有幾個要點：

①目標管理的過程必須以團隊成員為主導。

②目標管理的過程中必須進行充分的對話。

③管理者和員工在目標管理的過程中地位平等。

④必須確認這個目標是雙方都認可的。

這樣做的好處是能夠保證雙向溝通，讓管理者和員工更加了解彼此的期望，同時也能讓員工充分理解團隊目標，提升參與感，進而更好地發揮自己的熱情和能力，為實現團隊目標貢獻自己的力量。

難題二：資源匱乏

目標，對於團隊來說可能是效益，對於管理者來說可能是業績，但對於員工來說，可能是任務和壓力。出於本能，員工會因此為自己盡量爭取更多的資源。一般來講，掌握資源較多的團隊更敢於設立更高的目標，而掌握資源較少的團隊則傾向於設定相對較低的目標。在實際操作中，很多人都會過度強調目標和資源的矛盾，將目標的設定與資源捆綁起來，不去追求更高的目標，或者放棄設定目標。在我看來，雖然資源是限制目標設定的一個因素，但它絕不是最重要的。

曾有一位聯合國的官員被派駐越南，他的任務是提高越南兒童的營養健康水準。下飛機後，他發現自己既沒有辦公室也沒有經費，甚至連當地的語言都不懂，可謂沒有任何資源。

苦思冥想後，這位官員想到了一個辦法。他從越南各地各階層中透過測量身高，挑選出來一批高個兒的孩子，然後排除其中家庭條件優越的，僅留下了家庭條件一般、身高卻比同齡兒童高出一截的孩子。

他的邏輯很簡單：身高也是營養水準的一個重要標誌，除了特殊情況，一般個子高的孩子營養水準都會比個子矮的要好一些。因此被留下的這些孩子的營養健康水準相對來說一定不錯。在家庭環境相當的情況下他們的家庭是怎樣做到的呢？為了找出其中的原因，這位官員讓這些孩子帶他去觀察他們各自家庭的飲食情況。

經過大量走訪，這位官員發現這些孩子每天都吃四頓飯，他們的家人經常會抓一些小蝦米做菜，還會在米飯裡加入紫薯葉熬出的汁液。這些都是當地可以利用的自然資源，並不會提高家庭的日常開支，且容易推廣複製。

於是，該官員便將其他家庭的媽媽們召集起來教授她們這種飲食方式，並將之推廣到越南全境。就這樣，他在沒有任何資源的情況下，將越南兒童的營養水準整體提升了整整二十年。

通常情況下，企業的整體目標一定是一個超過當下企業和員工實力的目標，具有一定的挑戰性，若能輕易達到也就不能稱之為「目標」了。這位聯合國官員使用的方法叫作「找亮點」，是指在發現實現目標的分配資源不足時，用突破性思維方式去尋找解決問題的辦法。從某種程度上來講，資源匱乏的情況在當下基本不存在，我們身邊到處都有資源，只要有足夠的創意，就可以收穫意想不到的驚喜。

難題三：目標拆分不合理

通常情況下，管理者從上層領導者那裡領到方向型目標之後，需要將之拆分以獲得具體目標，再分派給團隊各成員。管理者的任務是保證團隊各成員的目標與方向型目標是一致的。目標拆分一旦出現問題，就會出現細目標實現了但整體目標沒有實現的情況，其實就是因為細目標遠離了方向型目標，也是我們俗稱的跑偏了。跑偏過的不只是小公司，大公司也這樣。

戴爾公司在發展過程中，曾經遭受過一次重創。當時戴爾公司剛剛換領導者，新任執行長走馬上任後，發現戴爾的銷售業績主要靠電話銷售達成。為了提升銷售額，他要求每名銷售人員增加撥打電話的次數，並為每個員工制定了具體目標。

在具體目標的規定下，為了增加撥打電話的次數，員工不得不提升自己說話的語速，掛客戶電話的情況也日益增多。如此一來，客戶的滿意度大幅度下滑，戴爾公司的客服部門收到了大量的投訴，對銷售額也產生了直接影響。

出現這種情況的原因，是管理者對團隊成員的具體目標拆分失誤，新的指標不能正確地指導公司的發展方向。設定目標是一個系統工程，管理者需要根據實際情況進行具體評估，再做出合理的規畫。

難題四：目標總在變化

對於目標管理，劉經理有一肚子氣要說：「年初的時候，剛剛說完我們團隊的目標是華北地區的客戶，員工們個個摩拳擦掌，準備好好大幹一場，現在卻又把目標改成東北地區。這讓我怎麼向我的員工交代？」

的確，這種情況著實讓團隊管理者頗為苦惱。但是企業經營畢竟有很多不確定因素，而且外部環境和內部環境都在快速地變化，企業迫於經營壓力，只能調整自己的方向和目標。於是，劉經理遇到的情況就會反覆出現：團隊管理者剛剛和員工討論完目標管理的細節，或者員工正在努力實現目標，上級部門突然變了卦。那麼，在這種情況出現後，團隊管理者應如何應對？

理解企業決定。團隊管理者要明白一點，任何事情都有不確定因素，企業不斷地調整方向和目標也是為了更好地發展，因此首先要理解企業的決定。如果連管理者都牴觸企業的決定，員工自然更無法接受，最終的結果只能是企業目標完成不了，企業和員工的發展也受到影響。

提前準備預案。面對這種情況，管理者還必須做到：在設定目標時，要著眼於近期可以實現的目標，對於那些可能發生變化的、不太確定的目標，要提前設定幾種情況，然後分別制定出不同的方案，以應對隨時可能發生的變化。不僅如此，管理者還要給員工打預防針，讓員工能夠有心理準備。

以上就是目標管理系統中經常會遇到的四大問題。目標管理和其他任何一種管

理工具或管理制度一樣，都不可能盡善盡美。管理者要做的就是打消員工的疑慮，找出方案中不太完美的地方，盡可能去完善它。唯有如此，目標管理才能發揮最大的功能，取得最優的效果。

明確量化的目標才是好目標

在西方管理學中，目標管理領域有一個非常著名的「SMART法則」。透過這個法則，管理者可以較為容易地為團隊成員制定出科學、合理、可實現的目標。

「S」：明確具體（Specific）

目標必須明確具體，只有這樣團隊成員才能正確地理解，才能知道如何操作。簡單來說，就是指總銷售額、每個團隊的銷售額、每個人的銷售額、完成時間、負責人、可提供的資源和支援等要素，都必須明確具體，並且能夠有效地傳達給所有成員。

二〇一六年底，北京一家日用品公司的梁老闆告訴我，他們公司將二〇一七年的銷售目標設置為八百萬元。說實話，這個目標遠遠超出我的預想。梁老闆的公司

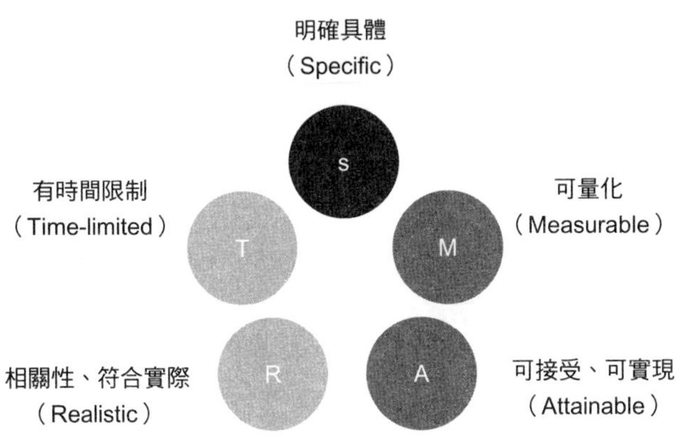

圖 5–2　SMART 法則

是透過實體通路販售，手下只有八名業務員，二〇一六年全年的總銷售額只有三百萬元，業務員完成起來已經略微吃力了。如果說新年度總銷售目標是四百五十萬元或五百萬元，還算比較客觀，完成起來既有些難度，又非完全不可能實現。

目標如此離譜，那梁老闆又為何要制定出這樣一個銷售目標呢？原來，眼看身邊朋友的企業不斷擴大規模，銷售總額動輒數千萬元，梁老闆有些著急了。為了提升團隊的整體銷售額，他一方面擴大了招聘規模，另一方面又試探性地為團隊制定了八百萬元的銷售目標。然而，這個目標不但沒起到激勵作用，反而嚇壞了團隊裡的年輕夥伴們：「八百萬，平均一個人一百萬，完不成目標的話底薪不多，獎金還有限……」整個團隊人心惶惶。

梁老闆在制定目標時明顯有問題。他只制定了一個總體的目標，沒有細化和完善其他環節，傳達時也未將擴大招聘規模的資訊告訴業務人員。也就是說，他不僅沒讓員工明白實現這個總目標的計畫人數，也沒有給出具體的資源支援，直接導致業務人員望而生畏。

所以，團隊管理者在制定目標、傳達目標時，一定要做到明確具體，讓團隊成員真正理解並接受。

「M」：可量化（Measurable）

上海的張經理曾費盡周折找到我，說團隊發展後勁不足，他自己也很茫然，不知道如何是好。其實，這也是團隊管理中極易出現的一個問題。結合我多年的研究和實際接觸的案例，我首先問了他一個問題：「你們的公司有目標嗎？」

「有啊！」張經理脫口而出。

我繼續追問：「那你們公司的目標是什麼？」

「我們的目標就是將團隊做大做強。」張經理回答得理所當然、理直氣壯，絲毫沒覺得他制定的目標有何不妥。

張經理公司的目標，也是很多團隊管理者的共同目標。將團隊做大做強，聽起來雄心萬丈令人讚歎，但這真的是目標嗎？當然不是。目標必須是可量化的，「做大做強」這種詞過於空泛，也沒有什麼實際指示意義。你必須制定一個可衡量的數據目標，比如，我要將團隊銷售額提升五〇％，我要成為全公司業績第一、績效考核超過第二名一〇％的員工，這些才是可量化的目標。

「A」：可接受、可實現（Attainable）

如果制定的目標不被團隊成員所接受，那麼管理者制定出的目標就是一個擺設。想要團隊成員都能接受這個目標，必須保證兩點：第一，這個目標必須是可接受、可實現的；第二，在傳達的過程中必須做好溝通工作。

某外商公司大中華區總部曾多次請我為其提供內訓，其中有一次我聽該公司的員工說他們從未實現過自己的目標。這種情況令我十分意外，打聽後才了解到具體原由。

原來該公司的目標管理系統是逐級增加型，員工提出的具體目標到了執行者那裡會被往上加一級，到了管理者那裡再加一級，所以最後匯總時的目標就會遠遠超出員工實際能力。也因此，該公司大中華區從未實現過階段型目標。這就像是，你說你可以做一份工，你的上司覺得你肯定為了給自己降低壓力才說只能做一份工，於是做主為你加了一份工；他的上司也是這樣認為的，再加一份。到最後，下發的工作量遠遠超出了自己實際的工作量。明明你只能做一份工，老闆卻要你做三份，很顯然這是做不到的。

對於這種情況，普通員工大多習以為常，但是目標沒有實現就沒有年終獎金，最終的結果就是該公司大中華區的員工離職率遠高於行業平均水準。

該公司大中華區在制定目標時高估了團隊成員的實際能力，忽視了企業的實際情況，使目標完全沒有可實現性。如此一來，目標自然難以完成。

「R」：相關性、符合實際（Realistic）

任何事物都不會獨立存在，目標也是如此。在制定團隊目標時，管理者還必須綜合考慮市場、競爭對手、產品競爭力、消費者消費習慣等各因素，全面、客觀地看待問題，以確保制定的目標符合實際情況。

如果用這些因素去衡量上述公司大中華區制定的目標，你會發現他們在制定目標時僅憑個人感覺，基本沒有考慮其他實際因素，屬於典型的「拍腦袋」決策，不切實際。

「T」：有時間限制（Time-limited）

第二個案例中的張經理在聽了我的「目標必須可量化」理論後，若有所悟。他結合團隊現狀，重新制定了自己的目標——將團隊績效提升二〇%。然後他問了我一個更關鍵的問題：「這樣就可以了嗎？」

這樣就可以了嗎？當然還不夠，目標還必須有具體的時間要求。比如，張經理新提出的目標——將團隊績效提升二〇％，具備了可量化的因數，但要想真正實現目標管理，還必須給出具體達成目標的時間，比如說，在一年之內將團隊績效提升二〇％。這樣的目標才真正具有指示和管理作用。如果沒有具體的時間限制，目標形同虛設。

套用公式制定團隊目標

為了更佳地為團隊成員制定目標，我總結了一個簡單易學的工具——**目標書寫公式**，團隊管理者不妨直接套用。這個公式的整體形式如圖5–3所示，即「**目標書寫＝動詞＋任務＋指標＋目標**」。

動詞＋任務

「動詞＋任務」是指實現目標的手段，即做什麼才可以達到目標，例如提升＋銷售額、更換＋電腦作業系統、招聘＋專業人員等等。

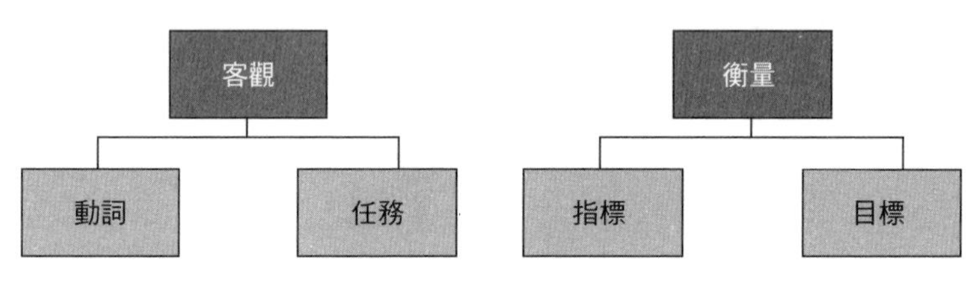

圖 5–3　目標書寫

指標

指標是指在一系列工作中可以測量的資料指標，比如出勤率、銷售額、招聘人數、客戶滿意度等等。對於一些關鍵的指標，管理者在制定目標時應參照以下流程：

①確定業務重點，即確定公司發展的業務。

②確定業務成功的關鍵因素。

③確定關鍵指標。

比如，在客服中心話務員的業務衡量指標中，有兩個重要指標：通話時長和通話次數。這兩個指標可以反映話務員的工作狀態。通話時長即每天與客戶交流時長，反映的是話務員的溝通能力；通話次數即話務員打電話的個數，反映的是話務員的勤奮程度。

客服中心話務員的業務重點就是向客戶推銷產品，因此通話次數和溝通品質極其重要。如果一個話務員可以成功推送一個產品的話，那這場交易一定是經過長時間的溝通才達成的，溝通能力強的話務員就更容易完成交易。通話時長比通話次數更能反映話務員業務能力的高低，因此通話時長就變成一個關鍵的衡量指標。管理者設置每日任務，就可以用通話時長作為績效考核的標準。

一些難以用量化指標來考核的部門，比如人力資源部門、財務部門和行政部門等，其指標的制定相對較難。這類團隊的衡量指標一般與時間週期相關，分為三種：第一種是主要業務的完成情況，第二種是對上級衡量目標的貢獻，第三種是對其他部門衡量目標的貢獻。這類部門的考核指標一般都是一些比率性指標。

比如，在人力資源部門中，本月招聘計畫完成率、員工任職資格達成率、關鍵人才流失率、人力成本總額控制率、員工滿意度等都可作為部門員工業務表現的衡量指標，成為目標設置要素。

在衡量指標的制定中，需要各級管理者對指標進行逐級分解，確定最能反映工作表現的關鍵指標。在此過程中，人力資源部門可以提供專業的諮詢服務。

目標

目標是整個公式中最重要的內容。設置了目標，努力就有了方向。如果沒有目標，整個公式對於員工就沒有任何意義。那麼公式中的目標通常有一些什麼特徵呢？

①目標因人而異

這種不同反映在具體工作中，就是每個人的工作方式是不同的。即便是同樣的任務，不同的人完成它需要的手段也有天壤之別。因此目標需要反映出每個人獨特的技術和能力。

②成員全程參與

制定目標的過程必須是每個成員全程參與的過程。只有這樣，員工才能深化對自身目標的認識，也才會更深刻地意識到個人目標的實現不僅關係著個人，也關係著整個團隊、整個企業。

③盡量制定可以測量的目標

目標最重要的功能就是對管理者與員工的工作方向進行調整，使他們的工作目標保持一致。不能為制定目標而傷害這個核心原則。

④即時回饋和溝通

在設置目標時，管理者要與員工即時溝通，這樣不僅有利於員工進行自我監督，還有利於管理者即時了解員工的工作進度和需求等，可以儘早發現工作中的問題，避免一些潛在的損失。

⑤目標靈活可變

目標不能僵化不變。現在員工的工作環境和企業所在行業環境都在不斷快速變化著，因此目標的制定也需要與時俱進，跟上節奏。如果在實施過程中出現步驟與目標相互矛盾的情況，管理者就需要即時進行調整。

在明白目標書寫公式的三大組成部分後，讓我們試著用這個公式制定一個客服團隊的團隊目標：

二〇一七年十月三十一日之前，向客戶展現我們的標竿服務，保證客戶對服務的滿意度達到百分之百。

它的書寫形式是這樣：動詞（展現）＋任務（標竿服務）＋指標（客戶的滿意度）＋目標（客戶對服務的滿意度達到百分之百）。

如果公式中沒有目標，就會變成毫無意義的泛泛而談。但是有的目標常常會給團隊造成一些壓力。為了更佳地激發團隊動力，我們需要換一種思維方式去看待目標：不要將目標看作一種壓迫，而應將其看成一種動力。正如你想要減肥，運動以及合理清淡的飲食是必不可少的。目標是促進員工完成工作、獲得應有報酬的工具，使員工在有限的時間內，工作能力獲得最大程度的提升。這樣想來，目標就沒有那麼痛苦了。

目標管理的標準化

為團隊成員制定合理的目標，並不意味著目標管理的完成。各種目標和指標擺在眼前，往往讓管理者感覺無處著手。這時便需要用另一個工具來幫助我們釐清思路——**目標管理模型**。它可以幫助我們過濾情緒的干擾，梳理個人思路，找到努力的方向。建立這個模型可以分為以下五個步驟（如圖 5–4 所示）。

第一步，利用目標書寫公式寫出目標。

第二步，列出阻礙目標實現的因素。

第三步，列出可以幫助目標實現的條件。

第四步，寫下個人特徵，便於做到知人善用。個人特徵是指個人突出的品質，比如聰明、善於交際、善於思考等。

第五步，按照執行、管理、領導這三種角色，列出各自要做的事情。

圖 5–4 目標管理模型

目標管理模型的適用範圍很廣，不僅適用於團隊各成員，也適用於各部門，甚至可以作為企業整體發展佈局的重要參考依據。許多企業在拓展新領域、開展新業務時往往有諸多顧慮，不知如何下手。這時，就可以利用這個工具對自身情況、所要發展新業務的整體情況做出正確的調查和評估，以便指引以後的行動，完成最初的目標。

北京某企業曾是空調行業的先驅，現在卻是一個十足的爛攤子，每年都在虧損。雖然已經換了好幾個管理者，但公司的經營一直不見起色，員工人心惶惶，私底下都在謀劃其他出路，眼看著即將關門大吉。臨危受命的王總是樊登讀書會的忠實會員會員，透過工作人員找我取經。在了解具體情況後，我根據目標管理模型，問了他一些問題，列出了以下幾點內容供他參考。

①團隊目標：

- 企業短期內止損，扭虧為盈。

②阻礙目標實現的因素：

- 頻繁更換管理者，公司的核心業務模糊，無法為市場提供有競爭力的產品。
- 財務制度混亂，個別員工巧立名目支取資金，財務損失非常嚴重。
- 公司的新品牌在市場上沒有什麼知名度。

③能夠幫助目標實現的條件：

- 在業界深耕多年，原來老品牌的號召力還在。
- 公司擁有一批有多年業內經驗的高層次人才，完全可以從頭再來。
- 現有的核心技術可以轉化為部分資金，渡過目前的財務困境。

④個人特徵：

• 王總性格剛毅果斷，得到董事會的高度信任，做任何決定都有「尚方寶劍」。

⑤下一步要做的具體工作：

• 節流。開除一批巧立名目、貪污款項的員工。財務部門支出必須由王總親自簽字，為企業止血。

• 開源。將部分技術專利拍賣，獲取一筆資金，支持後續發展。

• 開發重點產品。緊跟市場形勢，啟用精銳成員短期內開發新產品，做好行銷宣傳。

• 恢復老品牌。獲取原有老客戶的大力支持。

經過半年的奮鬥，王總滿懷感激地給我留言：「樊登老師，我們公司現在走出了困境，產品的市場反響很不錯。估計年底就可以獲利了，真的非常感謝您。」

如果說糟糕的目標管理表現多種多樣，那麼成功的目標管理則是有共通性的，也就是我們所謂的標準化流程。團隊管理其實也是這樣一個流程。目前有各種各樣可供選擇的管理工具，不過我認為「目標書寫公式」和「目標管理模型」可謂其中比較有效的典型代表，具有較強的普適性和可操作性，管理者不妨一試。

第 6 課

利用溝通視窗，改善人際溝通

人際溝通的資訊就像一扇窗，分為四個窗格，有效溝通就是透過自我揭示和懇請回饋，將這四個窗格融合。

隱私窗格：正面溝通，避免誤解

溝通視窗，也稱周哈里窗，是一種關於溝通的技巧和理論，也被稱為「自我意識的揭露—回饋模型」。溝通視窗可分為隱私窗格、盲點窗格、潛能窗格和公開窗格四大區域，涵蓋了管理者日常溝通的所有內容（如圖6-1所示）。

溝通視窗的第一個區域叫隱私窗格，簡單來說就是自己知道而別人不知道的事情。顧名思義，隱私就是隱蔽、不公開的私事。在英文中，隱私一詞通常用「privacy」表述，含義是獨處、祕密，與中文的意思基本相同。但中文的「隱私」一詞更強調隱私的主觀色彩，而英文的「privacy」一詞更注重隱私的客觀性，這一點體現了感性的東方文明與理性的西方文明的差異。

正常來說，隱私不能公開並受法律保護，但隱私窗格的內容卻可以部分公開，而能否公開跟資訊的隱私程度有關，我將其分為三個層次。

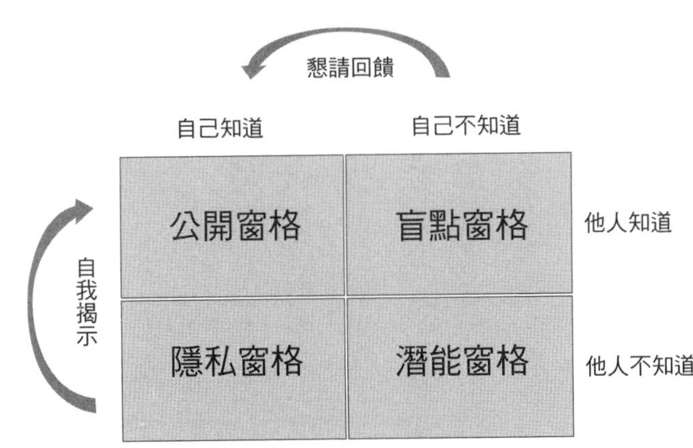

圖 6–1 溝通視窗

第一層：不能說

隱私窗格最底層是「不能說」也被稱為DDS（Deep Dark Secret，意為深藏的黑暗祕密）。每個人都可以有自己的DDS，這是人與生俱來的權利。但是如果過多「不能說」的祕密，人就會有很大的精神壓力，甚至會患上焦慮症。比較具體的例子就是電視劇《潛伏》裡的男主角余則成。他對身邊的每個人都有祕密，所以說每一句話都必須經過縝密的思考，這種壓力不是正常人可以承受的，不僅需要鋼鐵般的意志，還需要時刻繃著神經。

有一年，我到清華大學的市長培訓班講課。當時，我問了一個問題：「假如各位家裡的床墊下藏著四千萬現金，各位會怎麼想？」台下眾人個個面色凝重，氣氛頓時緊張起來。從這個反應可以看出，人一旦有了「不能說」的祕密，他的精神就會變得異常敏感和緊張。

我們每個人都有DDS。人際交往中最基本的禮儀就是要給別人留一定的空間，不能隨便打聽別人的DDS。但在日常工作中，沒有必要製造太多的DDS，不然會讓人整日都生活在焦慮和壓力之中。這裡我推薦大家學習一下張作霖，我認為官員中在這方面做得比較好的就是他了。

張作霖是民國時期北洋軍奉系總司令。身處亂世之中，張作霖對內需與國民黨、各系軍閥、封建殘餘勢力周旋，對外要抵抗蘇聯、日本等外部威脅，同時還要處理東北的日常軍政要事，為東北的政治、經濟、教育、工業等領域打下了一定的基礎。儘管事務繁重，張作霖仍然保持著坦蕩的處事原則，他常以書房裡的一副對聯自勉，這副對聯也是北宋大家歐陽修的修身名言：「書有未曾經我讀，話無不可對人言。」意思是：我沒有讀過的書很多，但是沒有什麼話是不能對別人講的。坦蕩的大家風範由此可見一斑。

第二層：不好意思說

比「不能說」淺一層的叫作「不好意思說」。一個最常見的例子是學生時期常見的暗戀。我相信很多人面對喜歡的人時是不敢表白的，害怕被拒絕，多年之後回想起來會覺得當時為什麼那麼傻，說出來又不會怎樣。當年的你跟現在的你之間最重要的區別，恐怕是現在你明白這些「不好意思說」其實沒什麼意義，人應該勇敢追求自己的最愛，才不至於到現在還過著光棍節，對著佳人倩影暗自神傷。

暗戀這種情況自古有之，唐代名媛杜秋娘因此寫下「花開堪折直須折，莫待無花空折枝」的名句，勸人鼓起勇氣，不要錯過最好的表白時機，不要最後默默地成為段子裡的人。要表白就趕緊表白吧，要不然過兩年，女神就會自己來找你，要你給她的孩子在朋友圈按讚。

「不好意思說」不僅讓人間少了很多美麗的愛情故事，還會在一些大型工程中造成非常致命的後果。

美國的「挑戰者」號太空梭在升空七十三秒後爆炸，七位機組成員全部遇難，被稱為美國航太史上最嚴重的災難之一。太空梭失事之後，相關部門展開了嚴密的複審調查，最後的結論是右側固態火箭推進器尾部一個密封接縫的O形環失效，導致加壓產生的熱氣和火焰從緊鄰的外加燃料艙的封緘處噴出。O形環的失效則歸因於設計上的缺陷，太容易被損壞。發射那幾天的低溫也是潛在因素。太空梭升空後，O形環很快承受不住，而替補材料也被高溫所損壞，從而引發爆炸。調查結果公佈後，輿論一片譁然。很多參與專案的工程師都表示，當時他們也發現了這個問題，但是管理層怕說出來會面臨各方面的壓力，影響發射進度，因此閉口不言。從這個角度看，正是管理層的「不好意思說」，導致本可以避免的嚴重航太事故的發生，七條活生生的生命因此灰飛煙滅。可見，「不好意思說」也不光是東方人的專利，連宣導坦誠直率的美國人在巨大組織壓力下也會如此。

無獨有偶，二〇一六年，上百起 Note 7 手機的電池爆炸事故，也讓韓國三星集團頻繁陷入輿論危機，這一系列事件無疑是三星集團近年出現的最嚴重產品問題。在此次事件中，總裁李在鎔卻是整個三星集團最後一個知道消息的人，這讓很多人都感到非常意外。原因何在呢？原來三星集團的文化就是向領導者報喜不報憂，一旦出了問題，基層員工會立刻進行公關處理，讓高層認為一切業務都在正常運轉。當李在鎔終於從報導中得知此次事件時，事態已經變得極為棘手，對公司的品牌形象產生了嚴重的負面影響。

千里之堤，潰於蟻穴！以上兩次事故皆源於很小的事情，但直接關係人由於不好意思，沒有即時彙報，以致事態一發不可收拾。在團隊管理中，也存在眾多「不好意思說」的情況，結果都對企業整體運營造成較為嚴重的後果。

比如，某公司的一名老員工因疏忽大意，工作發生了失誤，管理者將他叫到辦公室，打算跟他談談這次失誤給公司造成的損失，並給予嚴厲的懲罰。該員工戰戰兢兢地站到管理者面前，管理者看到他滿頭的花白頭髮，想到他在自己剛進公司時還教過自己，現在家裡上有老下有小的，動了惻隱之心，擺擺手讓他出去了。

這種情況在團隊的日常管理中十分常見，由於管理者「不好意思說」，員工無法意識到自己的工作缺陷。很多已經出現的問題該糾正的沒有即時糾正，下回就可能出現更為嚴重的工作失誤。

第三層：忘了說

「忘了說」比「不好意思說」對團隊的傷害更為嚴重。所謂「忘了說」，是指管理者以為某些事情員工應該知道，無須多說，所謂「一切盡在不言中」。然而，這些員工「應該知道的」事情，往往只是管理者的一廂情願。這是團隊溝通中最應該被重視的部分，被稱為「知識的詛咒」——當我們對某件事情非常了解、腦中存有很多專業知識時，就會轉變表達方式，以致說出來或做出來的東西，別人聽不懂或難以理解，自己卻認為已經說得很明確了。此時，我們便被自己的專業知識「詛咒」。

我曾讀過李零教授寫的《人往低處走》一書，書的內容是闡述老子的《道德經》。開篇第一句是：「道可道也，非恒道也；名可名也，非恒名也。」看到這句話，我心裡有點兒彆扭。這與我們常見的版本「道可道，非常道；名可名，非常名」不同，李零教授將三個字增為四個字，並且將「常」改成了「恒」字。

我當時心裡想：「第一句就寫錯了，這會是一本什麼樣的書啊？」於是，我就將這本書當作批判版本繼續往下讀，這一讀可不得了。

李零教授在後面的論述中講到，這兩句話並不是他自己編的，而是來源於最新出土的郭店楚簡，古書上清楚記載這是漢代之前的《道德經》版本。歷代書簡都有回避皇帝名諱的傳統，漢文帝名叫劉恒，恒字因此就不能繼續用在文獻中，於是漢代編撰的《道德經》將「恒」字改成了「常」字。換句話說，我們最常見的那個版本實際上是個假版本，只不過流傳得更加廣泛，當我看見真正的版本時，反倒讀起來彆扭。

當時的我就被自己固有的知識「詛咒」了，不了解更廣闊的世界，不能獲得真正的知識。正如佛家理論中的「我執」——每個人都認為自己過去學到的東西都是正確的。但實際上，過去的知識成就了現在的你，也限制了現在的你，讓你聽不進去與自己認知不同的意見，讓你不願意挑戰那些讓自己不太舒服的領域。被知識「詛咒」的人用自己原有的認知建造了一處無形的監獄，把自己關了進去。其實，真正成功的人往往是非常開放的。他們對待任何知識都非常謙卑，不以自己的經驗去評判任何。

這種情況在企業日常管理中也很常見，比如管理者經常會遇到員工突然辭職的情況。這種情況的發生，很大一部分原因在於管理者被已有知識「詛咒」。雖然管理者覺得該員工不錯，但是從未正面表達過這種看法，反倒總是說員工工作態度不認真、工作方法有問題等等。這種溝通方式，很容易讓員工對自己的工作能力產生負面評價，進而萌生辭職的想法。

樊登讀書會App剛上線時，收到了大量的用戶回饋。很多用戶反映：「頁面亂七八糟的，玩不了、App 的功能設置也不合理，很多內容根本不知道入口在哪兒。」就此問題，我特別與產品經理進行了一番溝通。

當時的產品經理告訴我：「App 的設置沒有問題，是某些用戶自己的問題，他們需要多學習如何使用 App，在掌握了一些 App 的使用技巧後，就會發現樊登讀書會App 特別好玩。」

產品經理的這番言論，乍聽起來似乎有幾分道理，但實際情況是很多用戶在無法找到入口時，想到的第一件事不是研究 App，而是直接棄用。

客戶覺得使用困難，產品經理為何覺得簡單？因為他們學過專業的程式設計知識，頭腦中已有對 App 的固有認知，對使用方法非常熟悉。但是用戶不同，大多數用戶判斷一個 App 是否好用的標準，就在於前端介面的設計是否簡單明瞭。如果找不到入口，就是不好用，邏輯十分簡單直接。

愛在心裡口不開

人除了會被知識「詛咒」之外，還會被愛「詛咒」。

一個最明顯的例子就是青春期的孩子會突然發現媽媽變得特別嘮叨。她一改往日善解人意的形象，開始不停地數落孩子：「別人家的孩子上了名牌大學，你考這麼點兒，將來怎麼辦？」「你的成績這麼差，將來怎麼在社會上立足？」

大家經常會在社會新聞中看到一些離家出走的小孩，很多都是因為受不了媽媽的嘮叨。媽媽的這些嘮叨讓小孩感覺媽媽可能喜歡別人家的孩子，自己被嫌棄了，很多孩子說著說著就流下眼淚，內心十分痛苦。但是如此嘮叨的媽媽卻完全沒有體會到孩子這種感受。怎麼會變成這樣的呢？

在媽媽的心裡有一個巨大的前提：「無論孩子成績怎麼差，媽媽都不會拋棄他，會一直支持他；別人家的孩子即使再優秀，也不及自己的孩子好。」但是在孩子的心裡根本沒有這樣的前提，他從始至終得到的都是否定自己的負面資訊，因此會對自己的價值產生深深的懷疑。很多孩子會認為媽媽討厭他，嫌棄他，甚至會產生厭世自殺的心理傾向。

媽媽之所以完全忽視孩子這種刻骨的感受，就是因為在親子關係中，媽媽被自己的愛「詛咒」了。給孩子完整的愛不只需要一顆真誠的心，還需要不斷地學習愛的能力和表達。

如何打破「知識的詛咒」？

「知識的詛咒」是行銷中非常重要的一個概念，行銷的目的之一就是打破「知識的詛咒」。這是什麼意思呢？給大家講一個案例。

美國早年有個啤酒品牌叫舒立茨，推銷員四處推銷啤酒，但效果不彰。有一次，一位推銷員坐火車時遇到當時美國最著名的廣告人霍普金斯。兩個人在聊天過程中聊到啤酒的行銷問題。霍普金斯說：「啤酒銷量這麼不好，我幫你寫廣告。你需要告訴我啤酒的賣點。」推銷員說：「我的啤酒跟大家一樣，都是德國工藝生產，口味也很一般，真的沒有什麼特殊賣點。」霍普金斯說：「想要做行銷，沒有賣點也要創造賣點。」於是，他讓推銷員將啤酒的生產工藝從頭到尾講了一遍。

聽完推銷員的講解，霍普金斯找到了其中的賣點：啤酒在灌裝之前，會先用高溫純氧吹一下瓶口。吹完之後，啤酒的口感很好並且不會變質。就用這個賣點。霍普金斯的行銷方案是買下報紙一個版面，上面登一幅吹瓶口的圖片，標題寫著：「每一瓶舒立茨啤酒在灌裝時瓶口都經過高溫純氧的吹氣製成，這樣才能保證口感的清冽。」推銷員說：「這怎麼能夠作為賣點呢？這個是德國啤酒標準的生產工藝，啤酒業內人士都知道。」但是霍普金斯堅持使用這個方案。

試想一下，如果一般消費者看到這麼專業的描述——高溫純氧吹瓶口——這個動作會讓啤酒的口感變得更好，有沒有要嘗試的意願？透過這樣的引導，消費者相信舒立茨跟他們以往喝過的啤酒口感不同。慢慢地舒立茨開始大賣，得到了消費者的普遍認可。其他啤酒生產商十分惱火，這種工藝不是舒立茨獨有的，但是舒立茨捷足先登，宣傳這個賣點，他們便不能繼續用這個賣點賣自己的啤酒了。

舒立茨的推銷員感覺不到這是個賣點，正是因為他對整個啤酒工藝流程太熟悉了，覺得一切都是理所當然。這就是「知識的詛咒」。

行銷部門經常會陷入思維的怪圈中，想不出創意來，覺得這些都沒什麼稀奇的。但其實從消費者角度來講，他們的關注點才是企業要努力行銷的方向。企業必須對客戶做一些深入的調查，才能打破「知識的詛咒」，找到產品賣點。

了解了「知識的詛咒」，我們就會發現，對同一件事情，不是所有人都跟我們有同等高度的認知。我們需要一遍一遍地向他們傳達我們的認知和理念。在企業日常經營中，我們同樣需要不厭其煩地向員工傳達我們的共同願景。

在樊登讀書會，很多員工都覺得工作是件十分愉快的事情，這是因為我每一次收到書友的回饋和感謝，都會在內部群組裡跟大家分享。如此一來，員工就會時常感覺公司和自己正在做的事情對書友有著極為重要的意義，責任感和成就感便油然而生。

樊登讀書會的許多分會也是如此。不管賺錢與否，只要有書友跟著讀書，這些分會就會覺得自己身上有了企業的責任，就會不斷地要求進步。這個過程說明了來自用戶的回饋有助於我們打破「知識的詛咒」，發現工作中的樂趣和意義。

只講空洞的願景，不如給員工看到客戶實實在在的回饋。關於這部分，我向大家推薦《創意黏力學》這本書，裡頭列舉出六個可以打破「知識的詛咒」的方法——簡單、意外、具體、可信、情感和故事。

盲點窗格：利用回饋看到自身局限

說完了隱私窗格，讓我們再來看看盲點窗格，這是溝通視窗的第二個區域——簡單來說就是自己不知道，但是別人知道。

盲點窗格類似於汽車的視覺死角。經常開車的朋友都知道，車輛A柱的後面在倒車時是看不到的，因此大多數駕駛不會從右側併排停車，在併停的時候也要回頭看一下，防止意外發生。試想一下，如果今天你下樓開車，發現自己車的兩個後視鏡都被拆掉了，你要開到火車站去，駕駛這樣一輛沒有後視鏡的車，開在路上是什麼感覺呢？盲點窗格擴大之後，人會感覺自己很危險。

旁觀者清，當局者迷

在日常生活中，經常會遇到這樣的人——說話口無遮攔，美其名曰直來直往。明明已經得罪了身邊的人，自己卻毫無知覺，還在不停地吹噓自己人緣好，其實大家都恨得牙癢癢，卻拿這種粗神經的人沒有辦法。別人異樣的目光也並不能引起他們的反思。如果一個人有性格缺陷，那他的盲點窗格就會非常大。

在公司的日常營運中，也經常會出現盲點窗格，然而管理者在制定公司的一些重大決策時，往往很難意識到其中存在的問題。這種情況下，如果沒有其他人即時指出管理者的問題，公司就會走上歧路。然而，絕大部分人在被別人指出錯誤時，會出現一些負面情緒，比如尷尬和惱羞成怒，甚至還會胡亂揣測別人的用意。有人告訴你，你有一個扣子繫錯了，這時你會不會覺得很尷尬？心裡想著真丟人之類的？如果對方是笑著跟你說的，你更可能會覺得對方在故意看你笑話，不安好心，但其實人家只是出於禮貌微笑而已。

我與妻子的相處在一般情況下還不錯，可一旦出現爭吵，我們就會互相揭示盲點窗格。有一次吵架時，妻子跟我說：「樊登，你這個人最大的缺點就是嘴太損，喜歡挖苦別人，拿別人的缺點開玩笑。別人其實都不喜歡你，但是你自己卻不知道。」

我心裡嘀咕：「我當然不是這樣的人，我讀過那麼多書，那麼多人都喜歡我。你對我有很嚴重的偏見，不懂得欣賞我。」想到這裡，結果自然是不歡而散。

第二天，我遇到一個要好的朋友，就將我妻子說的話向他求證，希望聽聽他的看法。我問他：「我是不是經常拿別人的缺點開玩笑，還經常挖苦別人，把別人弄得非常不愉快，但是自己卻不知道？」

朋友看我態度很認真，也就很嚴肅地對我說：「嫂子說的話你完全不用放在心上，大家都已經習慣了。」

朋友的話讓我警醒，我突然意識到這其實就是我的盲點窗格。如果妻子不跟我說，我可能永遠不會認識到這個問題。當他人向你揭示盲點窗格時，你究竟應該做出怎樣的反應？且讓我賣個關子，先向大家介紹兩位聖人。

聞過則喜，聞善則拜

第一位聖人是子路。《孟子．公孫醜章句上》中，孟老先生說：「子路，人告之以有過，則喜。」子路是孔子的學生，深受恩師教誨，當別人指出他身上的缺點時，他會特別開心，並很快更正。

第二位是上古先賢大禹。史載大禹「禹聞善言，則拜」，即聽到別人說了對自己有意義的話時，就會給對方敬禮。這一點日本人做得很好，日本人的日常生活中有很多鞠躬的情景，他們確實能做到聞善則拜。如果收到投訴，他們首先會向客戶鞠躬。這點大多數人確實很難做到。

學習盲點窗格對我個人幫助很大。我經常會想，在我們人生中還有這些事，雖然真實存在，但是自己完全沒有知覺。

作為管理者，如果希望團隊成員之間能夠做到「有則改之，無則加勉」，自己就先得做到聞過則喜、聞善則拜。如果你能夠做到，那麼在被團隊成員指出一些工作缺失時，就不會產生負面情緒，整個團隊的氛圍就會煥然一新。從這個層面上講，管理者具有較大的表率作用，正所謂榜樣的力量是無窮的。

除了聞過則喜和聞善則拜，還有一種反應叫作「聞過則問」，這個「問」是指問自己。與前兩種聖人的反應不同，每個人都可以做到「聞過則問」，即在別人指出自己的缺點時，問自己是否確實存在這個問題，以及這個問題是否屬於盲點窗格。

既然盲點窗格如此重要，那我們應該找哪些人來解決盲點窗格的問題呢？舉個例子來說。

〈鄒忌諷齊王納諫〉是《戰國策》中的一篇文章，講的是齊國大臣鄒忌的故事。鄒忌自恃貌美，就問妻子：「我好看還是徐公（齊國美男子）好看？」妻子說：「你好看。」鄒忌又問他的小妾同樣的問題，小妾說：「當然是你比較好看，要不然我怎麼會嫁給你呢？」後來，鄒忌又問了他的門客，得到了相同的答案。第二天，鄒忌遇到了徐公，在親眼見識了徐公的美貌後，鄒忌自愧不如。

反思之後，鄒忌將這件事當成故事講給齊王聽，並隱喻齊王的納諫方式。他說：「妻子這樣說是因為她愛我，小妾這樣說是因為她怕我，門客這樣說是因為他有求於我。而您貴為齊國之主，愛您、怕您、有求於您的人遠超於我。因此，齊王您應該廣開言路，不能偏聽偏信。」當齊王身邊的人因為種種原因，只揀好聽的說，這種言論會擴大齊王的盲點窗格，以致他無法聽到真正有用的建議。

很多人都曾有過和鄒忌類似的感覺：隨著年齡增長、地位收入逐漸提高，身邊願意揭示自己盲點窗格的人越來越少，我們對自己身上的缺陷越來越無法即時獲得正確的認知。更有甚者，即便真的有人揭示了自己的盲點窗格，也不加以重視，最後導致嚴重的後果。

在袁世凱做皇帝之前，次子袁克文曾極力阻攔，並寫了一首詩，中間有這樣一句：「絕憐高處多風雨，莫到瓊樓最上層。」

透過詩文的方式，袁克文明確指出復辟在當時是件非常危險的事情，容易受到各方勢力的聯合打壓。現在看來，袁克文的意見無疑是審時度勢的老成之言，但他的哥哥袁克定卻完全是另一副嘴臉，甚至不惜辦一份只給袁世凱一個人看的假報紙，哄騙袁世凱復辟，最終袁世凱只做了八十三天皇帝就宣佈退位。可歎！袁世凱所生二子，一個想幫老子揭開盲點，一個卻使勁兒把老子往黑胡同裡帶，時也命也！

如何改善盲點窗格？

管理者在團隊的日常營運中，需要找怎樣的人來揭示自己的盲點窗格呢？工作夥伴一定不行，因為他跟你有同樣的盲點。競爭對手是一個管道，他們可能會在用戶和投資人面前揭露你公司的短處。如果競爭對手所言非虛，我們還有機會進行補救。除此之外，還有一個重要的管道——投訴和回饋。

樊登讀書會採用的是收費會員模式，會費為一年三百六十五元。因為收費，所以用戶對收聽品質有著較高的要求，我們經常收到這方面的投訴：「節目非常卡，根本聽不了，純粹是浪費錢。」

讀書會員工的工作環境網路較好，壓根不會受到這方面的困擾。我們透過設置投訴和回饋管道，進一步了解客戶的收聽品質並做出改進，改善產品的盲點窗格。

最後，請大家思考一個問題：盲點窗格中的一定是缺點嗎？是否存在自己看來是缺點，但在別人眼中是優點的情況？答案當然是有。

有一個人口吃非常嚴重，特別自卑，不願意去上班。他的朋友幫他找到一份工作，被他拒絕了。他的理由是，話都說不清楚，什麼工作都做不了。朋友勸他說：「說話不清楚不是缺點，是優點，你一定可以做好這份工作。這份工作是推銷《大英百科全書》，賣一套賺一百美元。只需要敲門問人家要不要書就可以了，我教你，這樣推銷一定沒錯。」於是他就去敲門推銷，人家說不要的時候，他就會說：「你……不要……也沒關係，我……免費……為你……念一遍……」對方一看這陣勢，大多會說：「你還是別念了，我買一套。」

當然這只是一個笑話，但它告訴我們一個道理：你眼中的缺陷，在別人看來可能是優點。換句話說，盲點窗格也可能是優點，不能一概而論，也不能盲目更正。

潛能窗格：不要輕視每一名員工的潛能

溝通視窗的第三個部分是自己和他人都不知道的區域，叫作潛能窗格。在介紹這方面內容之前，我先跟大家分享一個案例。

澳大利亞有位叫力克．胡哲的勵志講師，生來就沒有四肢。他的軀幹下方只有很短的一截小腳，但他可以踢足球、接電話。在接電話時，他的小腳會用力踩一下聽筒，迅速夾起。眾所周知，這類重度殘疾人的生活大多十分艱難，但力克卻成為當今全球演講出場費最高的嘉賓之一。

力克在十二歲之前，一直自怨自艾，並多次想到自殺，但他甚至連自殺的能力都沒有。十二歲之後，他漸漸覺得，既然一切都是上天的安排，一定有它的道理。後來他明白，他天生的缺陷在勵志演講中就是最有說服力的證明。

簡單試想一下，如果一個四肢健全的人跟你說：「無論遇到什麼困難，你都要咬緊牙關堅持下去，最終一定會獲得成功。」你肯定覺得說服力不強。同樣的話，如果出自沒有四肢的力克，說服力便會增強數倍。因為他現在過得很好，儘管四肢不健全，可他依然努力地生活著，並取得了成功。

想明白這個道理，力克便開啟了他的演講之旅。二〇一二年，力克娶了交往多年的女友，一年後還生了兒子，過著大多數人夢寐以求的生活。

力克是一個將潛能窗格運用到極致的人，與他相比，我們似乎幸運一些——他最大的願望就是過上一天有手有腳的日子，這一點在我們看來再正常不過。他的例子向我們證明潛能窗格具有巨大的能量。

美國作家愛麗絲．施羅德所著的《雪球》一書中，講述了很多股神巴菲特不為人知的故事，其中有一個讓我印象深刻：巴菲特的偶像竟然是美國內布拉斯加家具商城的創始人蘿絲．布魯姆金女士，人稱B夫人，一個年近九旬再次創業的老太太。

B夫人於一八九三年出生在俄羅斯的一個小村莊，家境貧困，沒有上過學。後來第一次世界大戰爆發，她與丈夫決定移民美國，但當時的錢只夠一人離開，於是丈夫先行離開。兩年後B夫人獨自一人，歷經周折也到了美國，夫妻二人最終在內布拉斯加的奧馬哈市定居。

一九三七年，她用借來的五百美元在地下室開了她的第一家家具店。她始終堅持薄利多銷的方式，以低於同行的價格出售。有的供應商怕得罪大的經銷商便不給她供貨，她就自己從其他地方購入貨源，堅持低價策略。就這樣，這個小店一步一步地發展起來，到了一九八〇年，成為當地最大的家具連鎖店。無論經濟蕭條還是繁榮，他們的營業額每年都在增長。一九八四年，巴菲特以六千萬美元收購了這家連鎖店九〇%的股份。沒有任何繁雜的流程，雙方只是簡單握了一下手，協議就達成了。B夫人唯一的要求就是，店繼續由她的家族經營。

退休三個月左右的B夫人不甘心自己的晚年如此度過，於是在自家店的對面又開起一家名為「B夫人商場」的地毯直營店，和自家店競爭，結果發展得風生水起。這令她的兒孫和巴菲特感到非常苦惱。一九九二年，巴菲特以五百萬美元收購了B夫人的地毯店，並和她簽了一個禁止同業競爭的協議。後來B夫人又回到了自家的家具店工作，一直工作到一〇三歲。一〇四歲時，這位了不起的夫人離開人世。談起B夫人，巴菲特感歎道：「我寧願和大灰熊摔角，也不願與蘿絲女士和她的兒孫競爭。」

這個故事給了我很多啟示。佛經裡有一句話：即使明天是世界末日，我也要在花園裡種滿蓮花。《論語》中寫道：「朝聞道，夕死可矣。」潛能窗格是四個窗格中資訊最多的，因為它屬於未來，是未知的可能。

挖出員工巨大潛能

在公司裡，管理者受到自身局限性的制約，因此經常會對員工的工作能力做出一些主觀判斷了解潛能窗格對於團隊日常管理十分重要，雖然管理者跟員工朝夕相處，但事實上每個員工都有巨大的潛能，管理者並不可能完全清楚每一個員工的實際能力。

當今中國的互聯網創業者，很多來自阿里、騰訊、百度等大型科技企業，滴滴出行創始人兼CEO程維就是其中的傑出代表。程維出生於江西上饒鉛山縣的普通家庭，大學畢業後進入阿里。在阿里工作的八年時間裡，程維擔任過很多職務，前期做銷售人員熟悉線下市場，後期做產品經理時，慢慢產生了自己創業的想法。

自二〇一二年創業以來，經過程維及其團隊多年堅持不懈的努力，滴滴出行已經成為智慧手機的必備軟體，受到大量投資人的青睞。二〇一六年滴滴出行的融資金額達到了四十五億美元，投資方包括蘋果、中國人壽、阿里巴巴、騰訊及招商銀行等大企業，而程維本人也已成長為線上叫車舉足輕重的領袖，跟前老闆馬雲一起位列二〇一六年胡潤科技富豪榜前列。

程維的家庭背景極為普通，成長軌跡也與常人無二，卻在創業之後爆發出了巨大的潛能，這也印證了潛能窗格的威力。團隊管理者絕不要輕視任何一個員工的能力，要盡量幫助他們激發潛能，為團隊日後的發展提供源源不斷的動力。

八〇%的成員都是八〇分就是優秀的團隊

在團隊管理中，有一個非常重要的原則，叫「賽馬不相馬，人人是人才」，這是海爾集團張瑞敏的用人之道。當一個團隊人數很少的時候，管理者的眼光很重要。當人數較多時，最重要的是管理者創造一種公平競爭、積極向上的氛圍，重視賽馬機制的建立。

作為管理者，需要克服自己主觀意志造成的偏見，以標準化的流程公平地對待每個成員，讓每個團隊成員都享有公平競爭的機會。只有這樣，才能激發所有人的工作熱情和潛能，讓有才華的人能夠脫穎而出。所以，請管理者深入思考兩大問題：

- **你是否充分調動了員工的積極性？**
- **你是否為員工的能力提升提供了很好的規畫和培訓？**

如果將團隊比喻成一支軍隊的話，將軍不僅要關注士兵的戰時表現，更要關注糧草、武器裝備是否充足，不要讓這些外部的限制阻礙了士兵個人發展的無限可能，畢竟「不想當將軍的士兵，不是好士兵」。

我推薦團隊的管理者讀約翰．惠特默所寫的《高績效教練》。在惠特默看來，做一個優秀管理者的前提就是相信每一名員工的潛力。書中提出一個核心思想：一個好的團隊，就是讓團隊中八〇%的人都能得到八〇分。可能有人會說，我們公司的目標是追求卓越，八〇分是起步。在我看來，如果一個團隊八〇%的人都可以得到八〇分，就證明這個團隊成員的整體素質已經很高，這個團隊當然算是優秀團隊。

這個觀念是對我們原有人才觀的一個巨大衝擊，是團隊管理思維上的重要變革。縱觀中國大小企業，對每個員工的要求幾乎都是一二〇分，要求他們完成難以實現的目標。這樣的要求大部分員工無論怎麼努力都是做不到的，於是他們就開始懷疑自己的能力，慢慢地變得心灰意冷，隱藏自身的工作熱情，對任何工作都畏首畏尾。但如果目標是八〇分，大家要做到就沒有那麼難，就會積極參與其中，大部分人都可以達到要求，這大大激發了員工的自信心和工作熱情。久而久之，團隊的整體素質就會有很大的提升。

員工還是原來的員工，為何會出現如此明顯的變化？這是因為人的成就是由兩個因素促成的，一個是能力，另一個是意願。我們平常所說的「能力不行」，是指員工的整體表現不佳，並非單指能力問題。論能力，其實團隊中每個人的能力差距並不大。有的員工工作表現不怎麼樣，但是遊戲能力很強，或者歌唱得很好。這樣的員工其實有很大的工作潛能，只是沒有發揮出來而已。這種情況下，管理者就需要找到束縛能力發揮的源頭，激發員工的潛在意願，讓他願意將運用在遊戲及唱歌的能力也用在工作上，從而對團隊做出積極的貢獻。

公開窗格：讓員工尊重你，而不是懼怕你

溝通視窗的最後一個區域，就是那些我們知道並且別人也知道的資訊，比如名字、性別等，即團隊管理中最重要的公開窗格。在這個世界上，什麼樣的人公開窗格比較大呢？答案就是那些經常曝光的公眾人物，比如娛樂明星。他們的身高體重、婚姻狀況、家庭情況和工作動態等，每天都會被娛樂記者曝光，大眾的熟悉程度極高，是典型的公開窗格。

公開窗格的一大好處，是其社會影響力大，人們會產生信任感。很多公眾人物會被商家看中，成為其產品的形象代言人，促進產品銷售；而最大的壞處，在於沒有隱私，需要時時刻刻防偷拍，防止曝出負面新聞。

香港明星劉德華就是個很好的例子。他一生兢兢業業，工作事業無可挑剔，對待粉絲也極為熱情友好，唯一的負面新聞就是隱婚。還有，由於基本上不能在公共場所露面，只能在室內活動，一些明星的室內運動成績都非常不錯。比如，劉德華在保齡

球項目上是亞洲冠軍，但他申請參加泰國亞運會時卻遭到了主辦方的婉拒，官方解釋是怕粉絲太多，造成會場混亂，舉辦方無法控制場面。這是公開窗格的弊端之一。

團隊管理與公開窗格有何關係呢?只要大家仔細觀察就會發現，**個人工作的進程，其實就是公開窗格不斷放大的過程：**大學剛畢業獨身闖蕩職場時，你認識的人不多，公開窗格的內容也很少。隨著工作經驗的增加，你有了自己的團隊，承擔了很多公司的業務，認識了很多人，這時候公開窗格開始變大，別人對你的態度也會發生根本的轉變，會更加尊敬和信任你。從這個角度來講，公開窗格的擴大其實就是一個人不斷成長的過程。一個人能夠透過擴大自己的公開窗格增強自己在團隊中的可信度。

作為團隊的管理者，讓成員怕比較好，還是被成員尊重和信任比較好呢?在我看來，**靠成員的懼怕來約束的行為叫做管理，靠成員尊重和信任來約束的行為才叫做領導**。領導力的核心就在於得到成員的尊重和信任。一個人如果有足夠大的公開窗格，就會擁有優秀的領導力。

如何增大自己的公開窗格呢?答案是從別的窗格切割出一部分來，補充到公開窗格中去。

自我揭示：將隱私窗格轉化為公開窗格

將隱私窗格轉化為公開窗格的辦法很簡單，就是將一些你不好意思說或者忘記說的內容向員工做自我揭示。

比如，你可以在下班之後跟員工一起喝酒聊天，或是跟同事講講自己的童年故事，可以將自己的想法跟投資人排練一遍，或者參與公司的內部競聘，上台展示自我規畫和願景，這些都是自我揭示的方式。跟別人講述自己的人生經歷是一個非常好的方法，也是十分有效的溝通方式。

團隊內部的溝通最重要的是呈現一個生動立體的形象。如果員工了解管理者的過去，無形之中就會拉近彼此之間的距離。如果團隊管理者只是公事公辦，沒有與成員建立起私人感情，就會發現工作很難進行下去。

如果兩個人曾經共同經歷過很多事情，彼此之間的公開窗格變大，關係就會變得不一樣。因此，我建議管理者平時在跟員工溝通時，不要僅僅局限於工作內容，還可以談談生活和愛好，積極尋找話題，擴大公開窗格。這樣才能夠贏得成員的尊重和信任，打造真正的「鐵軍」。

懇請回饋：將盲點窗格轉化為公開窗格

想將盲點窗格轉化為公開窗格，最常見的辦法叫作懇請回饋。當公司的部門和業務種類越來越多的時候，管理者極易陷入疲於應對各種考核指標的困局，難以發現團隊管理中存在的問題，這個時候客戶和員工的回饋就變得異常重要。唯有如此，管理者才能即時發現自己的問題，提升團隊的戰鬥力和凝聚力。

平安車險就是很好的例子。如今，平安車險已經占據全國車險市場的半壁江山，其服務也是業內聞名。一個保險公司是如何做到市場服務的標準化的呢？

有一回我的車出險，剛修完車，平安車險的客服就給我打電話，詢問我對理賠工作的滿意程度。在我回答後不久，平安車險的電話又打來了，詢問我對回訪客服的服務是否滿意。平安車險正是透過不斷詢問客戶「對這個工作是否滿意」的方式，廣泛蒐集使用者回饋作為改進服務系統的依據，進而打造出了業內最優秀的保險服務標準化流程。

當下的許多新興互聯網公司應當向這些優秀的傳統企業學習，不僅學習其服務模式，也要學習它們的銷售模式。萬科的銷售體系值得稱道，不管房地產市場火爆還是低迷，都能保證營業額大幅高出業界平均水平，房產銷售人員的培養是其成功的重要原因之一。我在萬科買房時，就曾親身感受過萬科銷售人員的能力。

第一次接待我的是名女銷售員。她既能清楚地介紹房子的基本資訊，又能完全口語化，沒有絲毫背誦的痕跡。讓我印象最深的是一個小細節：帶我參觀廚房時，她說，雖然廚房的面積不算太大，但結構合理，即便春節家裡來三、五個人，也轉得開身。

我的一位朋友在得知我買了萬科的房子後，也想買一戶，於是我帶著他又來到萬科的銷售中心。之前接待我的女銷售員碰巧休息，一名男銷售員接待了我們。我在旁邊聽他的介紹，感覺用詞非常熟悉，幾乎跟那名女銷售員講的一字不差。參觀廚房時，他同樣介紹說：雖然廚房的面積不算太大，但結構合理，即便春節家裡來三五個人，也轉得開身。好吧，這句話我聽過很多遍，已經完全背下來了。

萬科就是將最優秀的銷售話術，完美地複製給每一位銷售人員，因此他們抓住了很多銷售機會。正是這種完美的複製，才使萬科的銷售業績在業內遙遙領先。在萬科，銷售人員的話術不是隨隨便便說幾句，而是經過非常精心的設計和訓練。據說萬科的銷售人員在下班之後不會馬上回家，而是在單位加班練習這些話術，不僅要做到熟練背誦，還必須親切自然，完全口語化。

萬科這種優秀的銷售話術從何而來？答案就是客戶回饋。客戶回饋可以在很大程度上為管理者揭示團隊營運系統的盲點窗格，提升團隊的整體管理水準，擴大企業的公開窗格。

第 7 課

學會傾聽，建立良性的交流管道

傾聽是溝通的基礎，善於傾聽的人才能成為優秀的領導。
傾聽不能止於聽，
在聽的過程中要對資訊進行解析，並給出積極的回應。

建立與員工的情感帳戶

傾聽是溝通的基礎，善於傾聽的人才能成為優秀的領導者。歷史上有很多這樣的人物，他們雖然身居高位，但仍能「從善如流」，最後開創了一代偉業。

讀史使人明智。我喜歡讀書，尤喜讀史書，歷史人物的故事常常會給我很多企業管理方面的啟迪。團隊管理中的許多問題，其實古人也都遇到過。當時沒有「領導力培訓」課程，但是他們用自己的歷史選擇，向我們傳達了優秀的領導力是如何形成的。

劉邦和項羽是楚漢爭霸的兩位主角。劉邦是亭長出身，相當於保安隊長，社會地位低，而且品性不好，貪財好色。項羽則是出身貴族，將門之後，力拔山兮氣蓋世，英勇非凡、武藝高超，還熟讀兵書，號稱「西楚霸王」，用現在的話說，是名副其實的「高富帥」。

項羽的出場自帶主角光環，一直是混戰中的佼佼者。由於兵力懸殊，項羽、劉邦兩人打仗時大多以劉邦失敗告終。劉邦還曾迫於項羽的強勢，親自到項羽軍營賠罪致歉，險些喪命，這也留下了鴻門宴的故事。然而，楚漢相爭的最後結果是劉邦打敗項羽，建立大漢，一代梟雄項羽則落得個烏江自刎的悲慘下場。

歷史上對這一結局有很多的評論與猜測，其中最重要的觀點來自劉邦本人。《史記．高祖本紀》記載，劉邦在總結自己取勝的原因時說：「夫運籌策帷帳之中，決勝於千里之外，吾不如子房。鎮國家，撫百姓，給饋餉，不絕糧道，吾不如蕭何。連百萬之軍，戰必勝，攻必取，吾不如韓信。此三者，皆人傑也。吾能用之，此吾所以取天下也。項羽有一范增而不能用，此其所以為我擒也。」

張良、蕭何、韓信是輔佐劉邦打下如畫江山的三大能人，史稱「漢初三傑」。劉邦自知才疏學淺，文不如張良，武不如韓信，安撫百姓、調度糧草又不如蕭何，可他卻非常善於採納他人的建議，身邊的能人都可以充分發揮作用。

反觀項羽這邊，范增可以說是項羽身邊唯一的能人，但是項羽很固執，並不聽取他的意見，因此才會落得最後失敗的下場。這在鴻門宴上表現得尤其明顯。當時項羽的「亞父」范增，幾次三番以玉玦示意他必須決斷，除掉劉邦，甚至還讓項莊舞劍助興，意在伺機殺掉劉邦，永絕後患。但項羽卻優柔寡斷，認為劉邦既然已經親自登門致歉認輸，就不必趕盡殺絕，最後縱虎歸山。

然而在烏江江畔，項羽被圍，劉邦卻沒有放過他。項羽由於「無顏見江東父老」，最後兵敗自刎。史學家大都將楚軍的失敗歸因為項羽剛愎自用，不傾聽別人的意見。人物性格造就了項羽的悲劇命運，可惜了他將一手好牌打到一無所有。

那麼劉邦是如何從一無所有到一手好牌的呢？聽人勸。

劉邦有自知之明，知道自己實力不夠，資源不好，因此特別善於傾聽別人的勸告。正是由於這一點，這個原本一文不名的沛縣混混成為漢朝開國皇帝，名垂史冊。

劉邦「善聽」到何種程度呢？《史記》中的另一段記載，能夠讓我們對此有更加深入的了解。

人生比氣長，領導比善聽

當時劉邦稱帝，派韓信攻打齊國。韓信善戰，沒用多久就收復了齊國，這時恰逢劉邦被楚軍圍困在滎陽，劉邦寫信給韓信，希望韓信幫他解圍。然而，韓信讓使者送來的回信中寫道：齊國人狡詐多變、反覆無常，齊國南面的邊境與楚國交界，如果不設立一個暫時代理的王來鎮撫局勢，一定不能穩定齊國。為了當前局勢，希望您能允許我暫時代理齊王。

劉邦看了信，勃然大怒：自己被困在這裡，希望韓信發兵相救，此時此刻韓信卻想要自立為王，豈不是落井下石？思及此處，劉邦破口大罵：我在這兒被圍困，日夜盼著你來幫助我，你卻想自立為王！

此時，侍立在劉邦身旁的張良和陳平同時暗中踩劉邦的腳，兩人湊近劉邦的耳朵說：目前漢軍處境不利，怎麼能禁止韓信稱王呢？不如趁機冊立他為王，待他好些，讓他自己鎮守齊國。如若不然，很有可能發生變亂。

劉邦立即醒悟，意識到如果此時與韓信翻臉，韓信不幫他打楚軍，自己的江山還有可能還得拱手讓人。於是，劉邦急中生智，故意當著韓信使者的面罵道：大丈夫平定了諸侯，就做個真王好了，何必做個暫時代理的王呢？劉邦派張良前往韓信軍中，冊立韓信為齊王，徵調他的軍隊攻打楚軍。

從一個小小亭長到天下共主，劉邦的成功絕不能僅用「運氣」二字一筆帶過，更重要的是他非常善於在關鍵時刻控制自己的情緒，能夠聽進去別人的勸告，英雄比氣長，最後成就大漢基業。

引導員工說話有助傾聽

所謂「兼聽則明」，現代企業中，善於傾聽是員工最看重的管理者品質之一。美國一家機構曾經在員工中做過一個研究，調查管理者身上最受歡迎的素質以及最令人討厭的素質。結果顯示，管理者最受歡迎的素質中，排名第一的是善於傾聽，而最令人討厭的素質中，排名第一的是吝於回應，員工跟這樣的管理者說話時，感覺就像對著一堵空白的牆，沒有任何回饋，這種感受無疑十分痛苦。

如果企業管理者是良好的傾聽者，那將會是團隊所有成員最大的福祉。跟一個良好的傾聽者在一起，你會忍不住說很多話，因為他有辦法讓你說出更多的話，這樣就會大幅提升談話的效率，有利於團隊整體的管理工作順利進行。

在央視工作的過程中，我接觸過很多優秀的電視人。其中白岩松老師和崔永元老師都是我學習的榜樣，但是他們的工作風格很不一樣。

白岩松老師是主播型的電視人，他善於就某個事件進行理性的剖析、判斷，得出結論。他的演講和評論節目都很精采，獲得很多觀眾喜愛，但是讓他主持訪談節目的效果就不太好。我記得有一次，白岩松老師主持一個訪談節目，採訪的是抗洪官兵。原本的規畫是讓官兵多說一些，但是現場的情景是這樣的：白岩松老師說「這次地震的因素大概有這幾個原因……」「這次救災的時候，大家表現得都不錯，您覺得呢？」他把自己能說的都說完，丟給對方一句「您覺得呢？」對方的回答只有「是的」「對的」，全程都沒有說幾句話。

崔永元老師是訪談型的電視人，讓他去做一個比較嚴肅的評論類節目，效果估計也不會太好。他的強項在談話性節目，因為他善於挖掘嘉賓的情緒，往往只需要先說一句話，就能誘導對方說出很多來。當時一個很火的節目叫〈郭大姐救人〉。主角郭大姐本人語言能力有限，參與別的節目時，總是因為說話問題被剪輯掉。而在崔老師主持的節目裡，郭大姐針對崔永元老師提出的問題說了很多話。聽到某一個點的時候，崔老師就在旁邊一直笑，崔老師笑得越大聲，郭大姐便講得越開心。最後郭大姐講話也變得越來越流利，說出了很多原來沒有準備的話題，節目播出後迴響十分熱烈。

傾聽不只是一種姿態

不僅做電視節目如此，管理企業更是如此。善於傾聽是一個優秀管理者的必備素質。在一些企業裡，有很多人願意為他們的領導者赴湯蹈火，因為員工感覺，領導者願意跟他們在一起工作，尊重並信任他們，隨時隨地認真傾聽他們的意見，並真心為他們著想。透過認真傾聽，管理者和員工之間建立起情感帳戶，並且存入了數額不菲的資金。

《鋼鐵人馬斯克》是我很喜歡的一本傳記，該書的作者艾胥黎．范思歷時四年採訪了眾多在特斯拉和 Space X 公司工作過的員工，而且他沒有允許馬斯克審核其中任何內容。在書中，范思記載了許多馬斯克的有趣故事，看完之後你會發現，原來這樣一個熱衷於改變人類發展進步的科技巨擘，其實是個十分樂於傾聽的管理者。馬斯克喜歡在公司巡視，無論他走到哪裡，附近的員工都會衝到他面前彙報大量資訊，他會專注傾聽和思考，並在隨後的時間裡盡可能解決這些事情。這讓員工感覺他的傾聽不是一種姿態，而是真的在行動。他們願意跟這樣的老闆一起工作。在這些過程中，他與員工之間的情感帳戶越來越豐厚，也越來越擁有一種「罵人的資本」。

罵人的資本

在建立起與員工的情感帳戶之後，管理者由於某件事情批評員工的時候，員工就不會輕易生氣，反而感覺管理者是真心為他好，這種批評可以接受。然而，事實上更多管理者遇到的情況是：員工在受到批評之後，心中委屈、抱怨，覺得管理者只會仗著自己職位高耀武揚威，並沒有什麼了不起。

以上兩種情況的區別就在於管理者與員工之間是否擁有情感帳戶。如果員工與管理者有感情基礎，有基本的尊重和信任，那麼即使是批評員工，員工也會願意往好的方向想；反之，如果員工與老闆的情感帳戶中空空如也，缺乏尊重和信任的基礎，員工就會將管理者的批評看作無意義的人身攻擊。

因此，成為一名優秀管理者的前提，就是透過認真傾聽與員工建立情感帳戶，累積「罵人的資本」。只要能做到這一點，無論任何時候，與員工溝通都會變得非常順利。

傾聽的要點是吸收對方的訊息

善於傾聽的管理者最受歡迎，然而大多數的管理者總是希望別人認真傾聽之後就去執行，卻不善於聽取員工的意見。有人說，傾聽不就是不說話嗎？等著對方把話說完，很簡單啊。實際上傾聽不是被動地等著，傾聽更是一個接收對方資訊的過程。善於傾聽的人可以將對方表達出來的以及未表達出來的資訊盡可能接受，提升雙方的溝通效率，建立彼此之間的信任感，為管理工作的順利進行打下堅實的基礎。

但事實上，我們發現企業中能做到這一點的管理者鳳毛麟角。這是為什麼呢？

溝通學裡有一個原理：兩人談話時，先說話的那個人會在談話前五秒開始想我要說什麼；開始談話之後，另一個人就會在五秒內開始思考對方下一句要說什麼。換句話說，在五秒之後，傾聽者實際上一直在構思自己要說的話，對方的話大部分都沒有聽清。而一個善於溝通的人，也只是將這個時間延長到三十秒而已。由此可見，認真傾聽是一件很不容易的事，能做到的人能力都不一般。那麼假如公司有一個傾聽能力

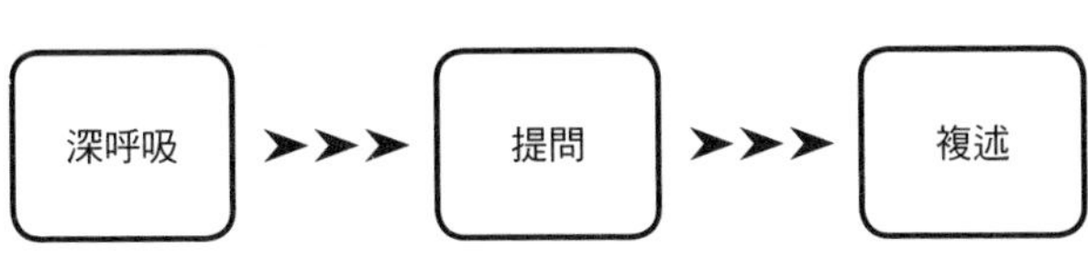

圖 7–1 傾聽的三個步驟

很好的人，我們如何在管理層推廣他的經驗呢？這個能力能不能被複製？答案是肯定的。為了提升自己的傾聽能力，我們可以使用一些標準化的工具。

要想複製傾聽的能力，首先得對傾聽的流程有個基本的認識。一般而言，傾聽可以分為三個步驟：深呼吸、提問、複述。

深呼吸

一定有人問，傾聽的第一步怎麼會是深呼吸？其實深呼吸的目的是保證傾聽者的情緒穩定，將注意力集中在對方說話這件事上。這樣做可以讓我們的心沉靜下來，專注於當前的事實而非情緒。尤其當對方說的話你並不愛聽的時候，這種深呼吸就會起到很好的平穩情緒的作用。我會建議企業管理者經常靜坐，因為這樣能讓心思平靜，不帶情緒，以更加客觀理性的狀態投入到工作中。

《西遊記》我起碼讀了十遍以上。年少剛接觸時，我經常會產生這樣的念頭：唐僧取經路途十萬八千里，孫悟空一個筋斗也是十萬八千里，孫悟空背著唐僧一個筋斗就能到達西天，為什麼還要跋山涉水歷盡千辛萬苦去取經？

長大之後再讀，我發現其實《西遊記》壓根兒就是唐僧個人的修佛過程。孫悟空代表了唐僧那顆不受約束的心。此外，孫悟空有七十二般變化，我們的心也有「七十二變」，可以帶我們去想去的任何地方，比如紐約、非洲，甚至月球。孫悟空的所有本領原本就是我們不受約束的心的特徵。與孫悟空一樣，這顆心的力量很強大，破壞力也很可怕，所以才會出現緊箍，為的就是約束那顆心。

豬八戒代表的是唐僧作為一個普通人的欲望。豬八戒看到美女、美食、金錢都會犯錯，可是唐僧並不會去管束豬八戒，也不責備他。我們對自己的欲望犯下的錯誤總是會比較寬容一些。

沙悟淨的名言因為春晚節目變得家喻戶曉：「師父，二師兄被妖怪抓走啦！」「大師兄，師父被妖怪抓走啦！」這個段子流傳很廣，觀眾對它的接受度很高，覺得沙悟淨好像就是那樣。他說的每一句話都是對的，但是很無趣。他就只知道幹活，挑著擔子無怨無悔。他代表的是唐僧的理性和邏輯。

白龍馬代表的則是唐僧的意志，無論團隊中的其他人表現如何，是精誠合作還是鬧著散夥，白龍馬都是一定要去取經的。

孫悟空和牛魔王是好兄弟，原本都是山野的妖怪，無法無天。孫悟空跟著唐僧去西天，一路修行，最後成為鬥戰勝佛；牛魔王還是原來的心性，所以他未能擺脫「妖怪」的身分。

心如果沒有經過修練，時時刻刻處於原始狀態，就不會有清明通透的時候，總是處於蒙昧原始的狀態。只有修成正果，才會真正不受約束，獲得大自在。

在《西遊記》的最後，孫悟空修練成佛，對觀音道：菩薩，此時我已成佛，與你一般，莫成還戴緊箍兒，你還念什麼緊箍咒約束我？趁早兒念個鬆箍咒，脫下來，打得粉碎，切莫再去捉弄他人。

菩薩說：當時只為你難管，故以此法制之。今已得道成佛，自然去矣，豈有還在你頭上之理，你試摸摸看。孫悟空舉手去摸，果然沒了。

《西遊記》塑造了諸多角色的豐富形象，其實說的都是人心，人所有的束縛也來自內心。《孟子．告子章句上》中有一句「學問之道，求其放心」，意思是做學問其實也沒有什麼大道理，就是將丟失的本心找回來而已。只有將心沉下來，才能看清這個世界，才能有效傾聽他人內心的聲音。傾聽之前深呼吸，清除私心雜念，放下偏見，只留下平靜的心為接下來的傾聽做好準備。

提問

傾聽是不是就是保持一種姿態到最後？當然不是。在傾聽的時候，適時提出一些問題，對方才會有意願做更多的交流和溝通。提問不只是證明你在聽，同時傳遞的還有對談話者的尊重和信任。善於在傾聽中提問，會讓對方感受到尊重，更容易贏得信任，而這正是領導力產生最重要的基礎，這些都是透過傾聽可以達到的。姿態優美不是最重要的，重要的是即時回饋。

不知道大家有沒有這樣的經驗，有時別人跟你說話的時候，只看到他的嘴在動，但是他說什麼卻不清楚。這種情況被稱為「恍神狀態」，你的注意力沒有在當下的談話中。如果此時別人問你，他剛才說的是什麼，你肯定回答不出來，情況就會變得尷尬。這是社交中非常失禮的一種表現。

在溝通時只是禮貌性地回應遠遠不夠，適時提問才是正確的回應方式，能夠給談話者隱形的鼓勵，促使談話繼續進行下去。提問分為兩種，一種是封閉性問題，另一種是開放性問題。

①封閉性問題

封閉性問題是指那些只能用「是」或「不是」等具體答案來回答的問題。這種提問方式在銷售層面有著較為廣泛的應用，為的是不給客戶考慮的空間，只要回答「是」或「不是」就好，造成一種心理催眠效果，「7個YES成交法」是個典型代表。

傳銷組織在賣東西時大多不會考慮產品的潛在市場和適銷價格，因為任何東西都可以透過「7個YES成交法」的話術賣出去。比如一個定價三千元的洗臉盆，正常人大多不會購買，但這在傳銷組織中很容易成交。當然，他們絕不會一開場便讓你購買臉盆，而是設置七個需要用YES來回答的問題。一般來講，話術會這樣進行：

傳銷者：「朋友們，在外打拚這麼多年，大家覺得健康是不是一件非常重要的事？」

觀眾：「是。」

傳銷者：「那父母的健康是不是很重要？」

觀眾：「是。」

傳銷者：「大家是不是感覺我們每天忙於事業，對父母的關心不夠？」

觀眾：「是。」

傳銷者：「如果我們可以花一頓飯的錢，給父母帶來健康和快樂，是不是一筆很划算的投資？」

觀眾：「是。」

傳銷者：「人老腳先老，洗腳可以使父母身體更加健康，更加長壽，是不是只要一頓飯的錢就可以實現，幫你完成孝心？」

觀眾：「是。」

接下來，傳銷者還會設置很多需要觀眾回答「是」的問題，不光要回答「是」，還要觀眾點頭表示認同。這是一種群體性的催眠方式，只要周圍有兩千人不斷地點頭說是，最後無論臺上的傳銷者說什麼，觀眾都會點頭說是。在連著說六次「是」之後，傳銷者的第七個問題將會是「你是否願意購買？」此時肯定有人習慣性地說「是」，三千元一個的臉盆就這樣成交了。

「7個YES成交法」帶來的銷售額非常驚人。雖然這種做法有違社會道德，但其中蘊含的原理卻耐人尋味。

②開放性問題

與封閉性問題相反，開放性問題是指那些不能輕易用「是」「不是」或者其他一個簡單的詞、數字來回答的問題。開放性問題需要對方針對有關事情做進一步的描述，並把他們自己的注意力轉向所描述事情中比較具體的某個方面。開放性問題沒有標準答案，以「怎麼樣……」開始的開放性問題比那些以「為什麼……」開始的開放性問題，更容易得到有價值的資訊。

在交談中，開放性問題非常重要，它會讓談話者的思維更加活躍。封閉式問題像一個明亮的小紅點，亮度很高，但只能照亮一個點；而開放式問題就像一盞燈，只要一打開，整個屋子都會被照亮。一個善於傾聽的管理者，必定善於提出各種開放式問題。比如一個人喜歡吃東西，背後其實可能有很複雜的心理因素。善於傾聽的管理者透過設置一些問題，就可以把他肚子裡的話都問出來。

複述

大家在工作中，有沒有遇到這樣的情況，明明當時聽得也很認真，兩人都說好的事情，到關鍵時刻發現兩人的理解不一致，導致事情最後進行得非常不順利。這就是傾聽的第三個環節出了問題。我們需要對傾聽的結果有一個確認的過程，這個過程叫作複述。為什麼一定要複述呢？

在溝通中我們經常會遇到一個問題——溝通漏斗：管理者心裡想的是一〇〇%，在眾人面前用語言表達時，已經漏掉了二〇%，只剩下八〇%。而這八〇%的事情被傾聽者接受後，由於學歷水準、知識背景等關係，只留下了六〇%。實際上，真正被傾聽者消化理解的大概只有四〇%。等到員工遵照領悟的四〇%具體行動時，已經變成了二〇%（如圖 7–2 所示）。

這種情況在現實中也很常見。比如兩個人約定，第二天早上十點在公司門口見

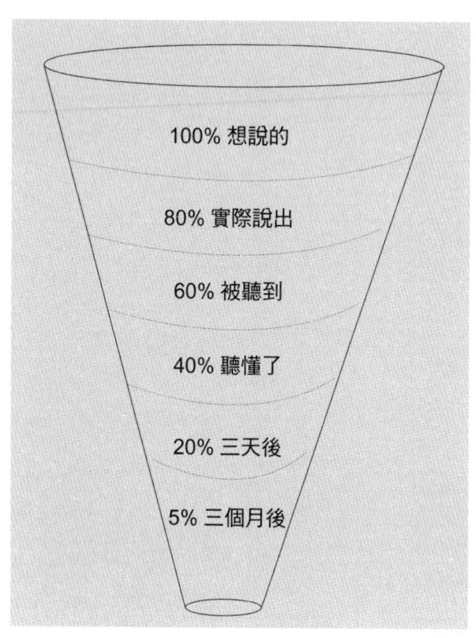

圖 7–2 溝通漏斗

面，結果其中一個人十點就到了，另一個人十點半才來。原因是前一天兩個人對於約定時間的理解上有分歧，一個人認為約定的是十點，另一個人認為是十點半。昨天已經過去了，沒法去查證，而且也沒必要，對吧？

如果出現這種情況的是比較重要的事務，比如十點簽合約，十點半才到，可能客戶對你的印象就不好了，會直接影響企業的業務發展，給團隊工作帶來極大的麻煩。那麼如何避免這種情況發生呢?這就需要一個資訊確認環節——複述。

在上述案例中,一個人說完之後,另一個人馬上複述「明天早上十點公司門口,不見不散」,與第一個人的話一字不差,就可以即時確認資訊正確與否,不至於產生前文中出現的情景。

在公司的日常溝通中,資訊確認環節必不可少。管理者需要養成一個習慣:向員工分派任務或者約定時間地點時,請對方將資訊複述一遍,以保證資訊的絕對正確,避免出現嚴重的工作疏漏。

肢體動作比語言更重要

傾聽的範圍包括說出來以及沒有說出來的部分。在沒有說出來的部分中，肢體動作是非常重要的成分。一個優秀的管理者，不只在傾聽語言，也在觀察行為。解讀肢體動作的重要性在某種程度上甚至已經超越了語言本身。

美國一項研究說明，日常交流溝通時，語言傳遞的資訊只占七％，其他諸如聲調、表情等傳遞的資訊占到九三％。因此，管理者傾聽員工談話時，不能只關注語言，還要關注非語言的其他資訊，尤其是肢體動作。這樣有助於管理者充分了解員工的想法。比如兩個人說話時，其中一方身體忽然向後仰，這就說明他不同意你的觀點，你會發現他的回答比較敷衍。身體的距離代表心理的距離，身體離得越遠，兩個人的心理距離也就越遠。

肢體動作如此重要，以至於很多能夠解讀肢體動作的專家，例如美國聯邦調查局（FBI）的員工退休之後，成為知名企業的商業顧問。如果公司跟其他組織談判，他們就坐在會議室內，不發言，只是盯著對方的人，觀察他們的肢體動作並加以解讀，協助公司做決策。一般情況下，這些FBI的肢體動作解讀高手們僅需參與一天談判，便能大致判斷提出的條款哪些對方可以接受、哪些不會接受，以及對方的底線是什麼……

在商業領域，他們可能不算專家，但是在肢體動作的解讀上，他們的水準卻是世界一流，很少有人能夠在他們的眼皮底下成功掩飾自己的意圖。因此，他們可以透過這項技能大致判斷出對方的真實狀況，為企業下一步行動提供可靠的依據。

為什麼觀察肢體動作反而會比較可靠呢？要想回答這個問題，我們需要回顧一下人際交往發展的歷史。人們已知的資訊交流方式分為口頭語言、書面語言以及肢體語言三種。用肢體動作交流是我們原始祖先最早使用的交流方式，隨後出現了表達特定意思的口頭語言，最後才出現了記錄用的書面語言。這三者出現的時間不同，表達的特點也各有千秋。

書面語言。從這三種語言的特徵上看，書面語言出現得最晚。它的表達方式冷靜客觀，表達的內容經過人們反覆核實確認，最容易掩飾人們的真實情感。由於文字的客觀性，它經常被用於嚴肅的合約、法律條文等。所謂「白紙黑字」，說明書面語言必須是經得起推敲的，是最精確的。

口頭語言。口頭語言的表達方式更加直接，帶有強烈的主觀色彩和即時性，故而不會做太多修飾，比書面語言更加可信，但仍存在一些務虛的因素。比如一些客套話，明明心裡不是這樣想，為了表面和睦說一些虛假或吹捧的話。有一個成語叫作「搖唇鼓舌」，意思是用語言進行有意的煽動挑撥，這說明口頭語言有煽動性與目的性。

肢體語言。肢體語言與前二者不同，它是潛意識的，除非經過刻意訓練，否則任何人都無法控制和修改自己的肢體動作。因此它是三種語言類型中最真實的。

員工談話時，肢體語言和口頭語言相輔相成，向管理者全面展示員工的工作狀態和背後原因。肢體語言的穩定性為管理者提供了全面深入了解員工的新途徑，正所謂「觀其行而知其心」。透過對肢體動作的解讀，管理者對員工的真實想法就會有一個更加準確的認識，更有助於管理者傾聽。以下是管理者在傾聽員工談話時需要格外重視的四種肢體動作。

目光接觸。眼睛是心靈的窗戶，眼神的千變萬化反映的正是員工複雜的心理變化。透過與員工的目光接觸，管理者會了解到許多員工口頭語言中沒有傳達的資訊。

如果員工在交談中始終將視線集中在管理者身上，這說明他很尊重上級，對所談的問題也十分重視。

如果在交談中，員工習慣於不正視管理者的目光，說明員工對現在談論的這個話題不感興趣。如果出現這種情況，管理者就需要隨機應變，將話題引導至該員工感興趣的方面，以便找到更加有效的溝通方式。

手勢。手勢是員工在交談中無意識的一些動作，其中可能潛藏著一些重要的資訊。管理者可以結合當時的語境思考手勢背後的原因，了解員工的真實想法。

一個人在撒謊時會撫摸自我安慰區。女性的自我安慰區是胸口，男性的自我安慰區是腦後。男性員工如果對管理者說：「昨天來了很重要的客戶，我加班到很晚。」

與此同時，他將手背在腦後，這就說明他很有可能在撒謊。此外，聳肩、摸鼻子、抓癢、快速眨眼也是非常明顯的說謊標誌。

腿部動作。在交談中，腿部動作也是反映心理狀態的重要標誌。如果員工在交談時腿部放鬆，說明他此刻的心理比較放鬆；如果他蹺著二郎腿，同時手交叉在胸前，則意味著他非常生氣或反對管理者的觀點；如果員工一直在抖動自己的雙腿，則說明他處於緊張焦慮的狀態……這些腿部動作有利於我們掌握溝通的時間與方式，一旦發現對方有所不適，我們就需要結束談話或者是調整談話的語氣、內容等。

空間距離。在溝通時，不同的距離代表了雙方不同的關係。比如親密距離是指兩人之間的距離小於四十五公分，這一般是親人、愛人之間的距離；如果兩人的空間距離在四十六公分～一二〇公分，大多是熟人和朋友；如果在一二〇公分～三六〇公分的範圍內，那就是典型的社交距離了，應用於社交場合或者工作場合；三六〇公分以上的空間距離，一般用於公眾演講。

與員工交談一般適用工作場合的社交距離，即一二〇公分至三六〇公分。但是如果談話中管理者發現對方與你的距離超過了開始談話的距離，就說明他其實不同意你的觀點，已經逐漸拉開了彼此的距離，因為身體距離其實是心理距離的反映。

透過肢體動作，管理者可以有效判斷出員工在談話時的真實心理，並給出最合適的回饋。反之，管理者也需要學會控制自己的肢體動作，避免在溝通時犯下這幾種常見的錯誤。

無精打采。這是最明顯的不尊重對方的表現，意味著此時你有些厭倦，一點兒也不想繼續與員工談話。當然，你絕對不會直接開口對員工說：「我為什麼要聽你說這些廢話？」但是如果無精打采，你的身體就會大聲且清晰地出賣你。

誇張的手勢或點頭。這種類型的手勢會向員工暗示你正在誇大事實，但一些小幅度的手勢能展現你的管理能力和自信。比如張開雙臂或攤開雙手，都在告訴對方你對他沒有絲毫隱瞞。與此類似，對方可能會認為重重點頭只是為了掩飾你內心的真實想法，其實你並不贊成或者並不理解他說的這件事情。

談話時看手錶、坐立不安或撥弄頭髮。這三種肢體動作表明你此刻有更重要的事情要做，想要趕快結束談話，急於離開溝通場所，會讓對方產生不受尊重的感覺。

交叉雙臂或緊握拳頭。這兩種肢體動作是典型的防禦姿態，暗示你對此次談話並非持有完全開放的態度。即便你與員工的交談很是輕鬆愉快，對方依然會有被排斥的感覺。

言語和臉部表情不一致。當你的口頭語言與肢體語言出現衝突時，會讓對方覺得哪裡不對勁，並開始懷疑你在欺騙他。例如，緊張的微笑並不能緩和溝通的氣氛，反倒會讓對方感到不安，誤以為你有其他的想法。

閃避對方目光。談話過程中，如果缺少直接、持續的眼神接觸，會讓對方覺得你對他此刻說的內容不感興趣，給對方造成疏離感，影響溝通的繼續進行。

過於強烈的眼神接觸。與上一種肢體動作恰恰相反，過於強烈的眼神接觸會讓對方覺得你好鬥或試圖占據主導地位。研究表明，最易讓談話對象接受的眼神接觸時間平均為7至10秒，且傾聽時應比說話時的接觸時間稍長一點兒。

轉動眼珠。在傾聽時不斷轉動眼珠也是對談話對象缺乏尊重的一種表現。也許對有些人來說這只是一種自發的習慣，但如果稍加控制，將會取得一些意想不到的效果。

皺眉或其他不開心的表情。這些肢體動作會向員工傳遞你正處於心煩意亂的狀態，和你談話的人很容易將你拒於心門之外。即便你糟糕的心情和他們毫不相干，可他們不一定會這麼想。

用認同化解對方的失控情緒

有很多管理者善於用關鍵績效指標（KPI）來考核，其中最重要的原因是應對艱難談話的能力有限，在出現談話困難的時候不知道應該怎麼辦。現在我們就來說一下這個問題：如何面對對方的情緒失控？

管理者在傾聽時，有的會碰到對方情緒失控的情況。當工作壓力過大，或者情緒波動過於明顯時，很多人會突然失控地大叫、大哭。面對這樣的情緒爆發，通常的做法是安慰他，結果卻總是收效甚微。言語上的安撫經常會起到相反的作用——你越是叫對方「別哭了」，他往往會哭得越厲害。

更有效的處理方式應該是「反映情緒」。反映情緒是指在對方情緒出現波動的時候，透過一系列的詢問讓對方意識到自身的情緒狀態。

透過封閉性問題照顧情緒

反映情緒是與人溝通最重要的根基。如果我們面對對方的失控，只是重複地說「冷靜點」「理智點」，而根本不照顧對方的情緒，那麼對方的情緒就會越來越壞，最後導致事情談不攏。所以首先要處理的問題是情緒，而不是你手上所謂的「正經事」。

比如，管理者可以問員工「這件事讓你很心煩，對嗎？」「這件事讓你很難過，對嗎？」「這件事讓你很悲傷，對嗎？」等類似的問題，實際上就是我們前文所說的封閉性問題，你只需要讓對方回答「是」或者「否」。

對方說「否」，說明他的情緒並非我們描述的那樣，需要轉換方向繼續調整；對方說「是」，他的情緒就會變好一些。我經歷過很多這樣的狀況，也多次使用過這個辦法，發現每次都有效果，只要能夠想辦法讓對方說「是」，情緒就會緩和下來。

生氣對身體的傷害眾所周知，中醫裡有一句話叫作「怒傷肝」，發脾氣會給身體帶來很大的傷害。但是無論情緒怎樣激動，只要能夠說出「是」並承認自己的情緒，氣氛就會緩和下來。

當時我只知道這種方式很有效，但是為什麼會奏效呢？我就開始查閱各種資料，找最基礎的原理。最後我在道家的一本典籍中找到了。

道家典籍中說道：怒髮衝冠時，只需點頭就可平復情緒，覺得一切都可以接受。換言之，在溝通對象生氣時，管理者只需要讓其做出簡單的點頭動作，就可以達到「滅火」的目的。一個點頭的動作可以平息情緒，反之，搖頭搖多了，就會氣血翻滾、情緒激動，導致看任何人都不順眼。

為什麼一個簡單的動作會對人的情緒產生直接的影響？有一個著名的心理學實驗，驗證了人的情緒反應機制中有一種現象叫作「導入效應」。

何為導入效應？

一般情況下，人們認為情緒會影響我們的行為，殊不知我們的行為反過來也會影響情緒。

科學家將一群孩子分成人數相同的兩組，讓他們戴上耳機。之後，科學家告訴其中一組孩子上下點頭以測試耳機靈敏度，又告訴另一組孩子左右搖頭來測試耳機靈敏度。這樣一來，一組孩子總在點頭，另一組孩子總在搖頭。

測試完畢，科學家向孩子們提出了一個比較中性的觀點，並讓他們回答是否同意。結果顯示，總是點頭的孩子中八〇%同意該觀點，而總是搖頭的孩子中八〇%對此持反對態度。

人的行為確實會直接影響思想。在現實生活中也有類似的例子。談戀愛的兩個人，如果其中一方經常提出分手，他們的結局往往是一拍兩散。

言歸正傳，管理者在面對情緒失控的人時，最好的辦法就是千方百計讓他說「是」。只要他說了「是」，情緒會馬上緩和，因為他從這個回答中找到了認同。認同感的獲得有非常鮮明的性別差異，女性比男性要強很多，很多女性與人交談的目的就是尋求共鳴。在這一方面，男性管理者不妨多向女性學習。

這裡我們需要分清一個概念，認同觀點和認同情緒是有區別的。讓我們來看下面的例子。

員工找到你，要求給他加薪，這時你說我認同你，此時你認同的是他的觀點；員工說如果不加薪的話我生活壓力很大，我很難過，這時你說我認同你，此時認可的是他的情緒。當員工拿這兩樣東西跟你談的時候，我們首先要做的是認同情緒，就是員工生活壓力大非常難受，我很理解你。等到員工情緒漸漸穩定下來之後，我們再繼續討論是否應該加薪，應該加多少錢，或者換成別的方式，以便找到最佳解決方案。

所以，一切所謂「艱難」的談話，最難過的往往是第一關，即認同對方的情緒。過不了這一關，其他的溝通技巧都沒辦法起作用。核心是處理好情緒問題。

這一原則不僅在企業管理中非常適用，也普遍適用於需要溝通的任何艱難場合。

職場外的領導力展現

現在每個家庭裡的孩子都是掌上明珠、小天使，但是孩子哭鬧起來卻很讓人頭疼。父母面對這些「無理取鬧」的小不點，很多時候是手足無措的。其實再鬧的孩子，都可以用引導的方式讓他承認自己的情緒，讓他知道自己現在的狀態。只要家長能這樣做，大多數孩子馬上就不再鬧了。我曾經將這個辦法運用在哄孩子上，效果顯著。

有一回，朋友的孩子到我家玩，我的孩子和他相處得十分愉快。到了晚上九點半，朋友要帶孩子回家時，那孩子卻忽然開始大哭大鬧，說他還沒有玩夠，怎樣也不肯跟他媽媽回家。

哄了一會兒朋友見沒有什麼效果，就生氣著說：「今天就不給你面子了！」說罷便捲起袖子準備動手打孩子。可那孩子還是固執得很。

眼見空氣中的火藥味越來越濃，我趕緊將朋友勸服，然後把孩子叫到一邊，問他：「你是不是覺得今天還沒有玩夠？」

孩子回答：「對，我們剛才的遊戲還沒有玩完呢！」

於是我又問：「是不是媽媽現在急著帶你走，你覺得特別難受，捨不得離開這個地方？」

孩子道出了原委：「對啊，因為我在家裡很少能這麼開心地玩。」然後他跟我說了很多他的日常生活情況。

聽完孩子說的話，我接著問：「媽媽剛才跟你說話的語氣讓你感覺不被尊重，對嗎？」

孩子點了點頭，說：「對，你不知道她在家裡是怎麼對待我的，她可厲害了！」

在我的誘導下，孩子開始跟我說朋友在家如何對待他。在傾訴的過程中，孩子的情緒漸漸穩定下來。

在控制住孩子的情緒後，我對他說：「你們今天玩得很開心，你一定也希望有一個開心的結尾，對嗎？說好下次我還讓你們在一起玩。但是，你們今天玩了一整天，大家都很累了，咱們再玩十分鐘，十分鐘之後你就跟媽媽回家，好嗎？」

孩子說：「好。」

親子關係是家庭中非常重要的關係。父母都愛自己的孩子，生活上給他們無微不至的照顧，為他們的成長付出了很多心血。孩子乖巧懂事還好，一旦哭鬧起來，家長就會非常抓狂、非常痛苦。遇到孩子哭鬧的情況，我們不妨使用反映情緒的方法：在孩子情緒激動的時候，順著他的意思猜測他的情緒。家長說得越準確，孩子情緒平復得就越快，直到孩子說「是」，我們和孩子就會平心靜氣地完成健康的溝通，不至於因為孩子的情緒而影響到自己的情緒，讓整個家庭都陷入情緒風暴的旋渦。

在親子關係中，如果家長感覺到非常痛苦，那一定是溝通方式出了問題。如果用正確的方式溝通，教育孩子的過程會是非常開心、非常有成就感的。

面對艱難談話的第一關是反映情緒。它可以讓員工認清自己的情緒狀態。管理者一旦認可了員工的情感，就能讓員工在團隊中獲得歸屬感，這種歸屬感是團隊凝聚力的重要來源，也是團隊建設中至關重要的內容。

第 8 課

即時回饋，贏得員工的尊重和信任

正確的激勵可以讓員工業績翻倍，錯誤的訓斥會讓員工陷於低迷，不同的回饋技巧，結果千差萬別。

懂得接受和給予回饋，是管理者保持競爭優勢的關鍵能力。

別用績效考核代替回饋

管理工作最重要的是與員工之間的溝通，也就是怎麼跟員工說話。一個優秀的管理者應該將「即時回饋」視為日常工作中重要的內容，它可以檢視過去的工作成果，指引未來的工作方向，使員工始終保持積極的工作狀態。員工做錯了要回饋，做對了也要回饋。但在日常營運中，大多數公司都有一個很不好的傾向，那就是用績效考核來代替指導和溝通，對於直接的溝通和回饋的重視程度遠遠不夠。

有很多管理者非常重視KPI的標準，更願意用考核來替代指導，認為只要調整好激勵政策，制定好考核制度，員工就可以自動調整其行為，適應公司日常工作的要求。管理者傾向公式化的考核，其實是因為自身的懈怠，以及對於「高難度對話」有逃避的心理。管理者的溝通能力有限，往往一談話就容易起爭執，造成兩邊關係緊張，因此不願意跟員工正面溝通，更願意用一些指標來約束員工的行為。

但我們要知道，在團隊管理中，員工最討厭的不是懲罰，而是「突然的驚喜」。

什麼是「突然的驚喜」呢？就是這一年下來你都沒有說我哪裡做得不好，結果年底考核你告訴我不合格。平時見了面都是你好我好大家好，結果到了關鍵時刻，你翻臉了。這是最讓員工反感的。

請記住，企圖用績效考核來代替回饋，最後的結果很有可能適得其反。讓我們來分析一下其中的原因。

舉例來說，績效考核和回饋其實相當於學生時期的期末考試和平日輔導。如果一個學生期末考試的成績不合格，但是平日裡沒有人告訴他解題方式有問題，那他是否會埋怨老師？難道老師的職責就只是改期末考試考卷嗎？顯然不是。

作為管理者，我們的任務是協助員工完成任務，做好平日裡的輔導，而不是在他沒達標的時候懲罰他，讓他無所適從。有的公司甚至會用扣薪的方式來代替溝通和回饋，但是大家想一想，有沒有聽說過哪個公司靠員工扣薪來提升業績？

績效考核是回饋的一部分，績效考核的結果可以分為兩方面解讀：一方面是員工的工作表現，另一方面是管理者的工作成果。員工的工作表現不佳，意味著管理者的工作成果也有瑕疵。因此，管理者不能簡單地將績效考核差，歸結為員工的問題，同時也要反省自己的管理方式是否有問題。

用簡單的績效考核代替工作回饋，用冰冷的數據和指標來衡量員工的工作，傷害的是員工的積極性，犧牲的是公司的發展時間，對於公司有百害而無一利。我們需要認知到，管理者的職責之一就是協助員工成長、順利完成工作，而不僅僅是制定各種績效考核指標去衡量員工，將他們分為三六九等，評頭論足。

透過反饋，給予指引

如果我們可以設身處地站在員工的位置上思考，不難發現一個事實：對於指導和回饋，員工有著非常迫切的需求。

恐懼是人類的天性之一。人們對於未知的事物總是感到擔憂和害怕，所以會抓住眼前比較確定的東西來安撫自己緊張的心情。工作上，員工在剛接到新專案或接觸新領域時充滿熱情，但是如果在工作過程中沒有得到管理者的即時回饋，就會產生緊張、焦慮的情緒。此時管理者若能即時給予工作回饋和意見，對員工來說不亞於久旱逢甘霖；反之，如果不溝通，則會導致員工的工作熱情下降，影響整體工作進展。

舉例來說，公司分派給技術團隊的任務是研發一款手機軟體。一般的做法是推出一個可能存在很多漏洞的版本，然後在用戶回饋的基礎上持續反覆測試，逐漸完善其功能，提升用戶體驗。還有另一種方式是在設計初期就先透過公司內部的測試，由內部員工進行回饋，技術團隊的管理者可以就軟體中的漏洞與團隊成員一一溝通，分析產生的原因，明確想要的效果。這樣一來，員工自然有了改進的方向。透過內部回饋和改善，軟體在上市之前就進行了多次反覆測試，雖然可能依然做不到盡善盡美，但起碼能避免一些基本錯誤。與前一種做法相比，這種做法大大降低了客戶劣評的風險，幫助產品在上市之初就能獲得良好的口碑，為企業發展贏得時間。

贏得員工的尊重和信任是管理者塑造員工行為的情感基礎。如果管理者與員工之間建立起足夠的尊重和信任，管理成本就會大大降低，即使績效考核的要求較為嚴格，員工也不會介意，反倒會想盡辦法通過考核。但是反觀許多企業，如果管理者為員工制定了稍微嚴苛一些的KPI，結果激起員工的憤恨之情，認為管理者只看重結果而不看重個人潛力。這就反映出，如果沒有足夠的尊重和信任，績效考核就會變得非常敏感，管理成本自然也會大大提升。

如何才能建立起彼此之間的尊重和信任呢？就需要透過正面回饋，培養員工的自尊心，建立員工的自律性。唯有如此，員工才會自發朝向考核標準努力，而不會占用管理者過多的時間和精力。第六課曾經談到「知識的詛咒」，是一個反面例子。員工做對了但老闆沒有給出相應的回饋，老闆認為大家心知肚明，不需要說什麼，但實際上員工並不明白老闆心裡的想法，這樣就會讓員工懷疑自己是不是做得不好，對自己的行為產生較低的評價，之後的工作就容易畏首畏尾。

自律性與自尊心是正相關的關係。一個人的自尊心越強，他的自律水準就越高。如果一個員工總是被管理者發現自己的錯誤，那麼自尊心就會受到強烈的打擊。他可能會產生習慣性的自我否定，繼而產生非常嚴重的反逆心理，不會按照管理者的要求做事。這種打擊自尊心的行為，最後的結果反而會與績效考核的目標背道而馳。

總是先看到別人的缺點這件事，其實涉及人的本能。作為優秀的企業管理者，我們必須盡力壓制這種本能，多去發現員工身上閃亮的地方，表揚並強化它。員工會在不斷的積極回饋中，明確自己的工作方向，更有勇氣和力量承擔績效考核的結果。

員工需要透過回饋來總結過去、指導未來，管理者需要給員工即時回饋來保證團

隊方向始終一致。績效考核的結果是員工和管理者都需要承擔的責任，一個普通的管理者會使績效考核變成員工的噩夢，而一個受到員工尊重和信任的管理者會讓考核結果皆大歡喜。

留意「推論階梯」，避免誤解和傷害

鑒於回饋對於工作進程的巨大促進作用，管理者有必要學習如何正確進行回饋。一般而言，回饋分為兩類，一類叫作鼓勵性回饋，即正面回饋，另一類叫作糾正性回饋，即負面回饋。顧名思義，鼓勵性回饋是在員工做對事情時管理者給予的回饋，俗稱表揚；糾正性回饋就是在員工做錯事情時管理者給予的回饋，俗稱批評。

既然如此，為何我又將其稱為回饋，而不是簡單稱為批評和表揚呢？批評和表揚是相對主觀的詞彙，比如，管理者要批評一個員工，是基於管理者認為員工做的事情是錯誤的前提。但是有可能管理者的認知本身就是錯誤的。在日常生活中，也有很多這樣的小故事，說明人的主觀經驗對事情的判斷是多麼武斷。

飯桌上的不當行為

周星馳是我特別喜歡的電影明星，他在接受一次採訪時，談到一件關於母親的小事，讓我印象非常深刻。周星馳的父母在他七歲的時候離異，母親帶著姐姐、周星馳和妹妹一起生活，每天辛苦工作，還要照顧三個孩子，日子過得非常艱難。每次大家坐在一起吃飯的時候，周星馳總是把最愛吃的魚扔在地上，每次都被媽媽罵浪費糧食，媽媽一邊罵他，一邊撿起來洗乾淨自己吃掉。多年後回憶起來，周星馳才說出其中的原因。「那時候我家裡過得很苦，媽媽經常把好吃的留給我們，她自己吃得很差。我一直想讓她也吃點魚，但是我知道，如果直說，她一定不會答應，就把魚扔在地上。這樣雖然我會被罵，但是媽媽會吃到魚。我也就會很開心。」多麼聰明機敏的周星馳，利用了媽媽錯誤的推論判斷，讓媽媽吃到魚！

在日常生活中，個人的判斷大部分基於自身的主觀認定而非事實，這會產生許多誤會。在企業的日常運作中，管理者對待員工也會犯一些主觀性的錯誤，這就是前文提到的推論。作為管理者，千萬不要輕易對員工做推論，一些錯誤的推論如果不能即時澄清，會激起員工的反感，影響團隊的整體氛圍。

推論能力是人天生的能力，但並非每次推論的結果都是正確的。我們不能不經過了解，就為某一個結果定論，我們能說的只是我們的想法和假設，只有透過詳細了解，我們才能確定到底是要批評還是表揚。在現實生活中，推論導致誤解和傷害的例子隨處可見，我就曾是受害者。

以偏概全

我第一次出門旅遊是在初中的一個暑假。爸媽帶著我從西安出發，到武漢、蘇州、杭州、上海等六個城市轉了一圈，玩得很開心。為此，我還寫了一篇作文，題目叫作「蘇州的園林」。

當著全班同學的面，國文老師拿起我的作文說：「樊登這篇作文寫得不錯，可惜是抄的。」然後直接將作文本丟給我。

我非常生氣，反駁道：「這篇作文不是抄的，是我自己寫的。」老師反問：「你怎麼可能一個暑假去六個城市？」

我覺得莫名其妙，他去不了難道別人也都去不了嗎？於是，我站了起來，大聲

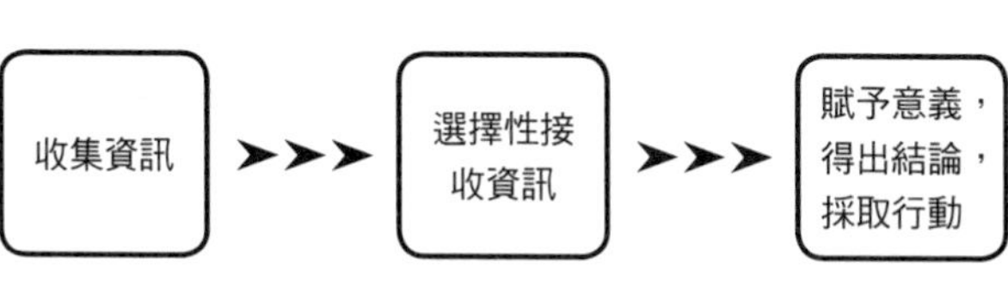

圖 8–1 推論階梯的全過程

說：「我真的去過，不信我回家拿票根給你看。」見我著急了，老師息事寧人：「好吧，就算是你寫的吧。」

這件事已經過去三十年了，但我依然耿耿於懷，那種被別人錯誤推論的委屈恐怕今生都不會忘卻。

推論階梯

推論的情況在團隊管理中比比皆是。很多情況下，我們腦中推論出的「結論」讓自己非常生氣，但是後來發現事實並非如此。不幸的是，這種「結論」往往會對團隊造成嚴重的傷害。許多團隊矛盾的根源，都在於我們習慣用自我推斷而非溝通來解決問題。一般而言，推論有三個步驟，稱之為「推論階梯」（如圖8–1所示）。

①收集資訊

每個人每天透過觀察，接收來自各界的大量資訊，這些是產生推論的基礎。

②選擇性接收資訊

儘管我們不願意承認，但「選擇性接收」才是大腦處理資訊的固有方式。有句老話：「順眼的人越看越順眼，討厭的人越看越討厭。」說的就是這個道理，沒人能夠避免。

二〇〇二年諾貝爾經濟學獎得主丹尼爾．康納曼寫過一本影響力鉅大的書《快思慢想》。書中的主要觀點是，我們根本不是理性的人，很多決定都是在稀裡糊塗的狀態下做出的感性決定，崇尚理性思維的賽局理論很少在實際生活中得到應用。

關於資料的選擇性接收，書裡頭有這樣一個經典案例。

有位教授在課堂上放了一段影片，影片裡的人正在投擲籃球，教授叫學生數進球的數量，數對了才算過關。學生們帶著疑惑開始觀看影片，看完之後，教授並沒有詢問確切的進球數，轉而問學生是否在影片中看到了一隻黑猩猩。學生們萬分詫異，紛紛搖頭。

這時，教授重播影片，一個穿著黑猩猩衣服的人出現在鏡頭中，跳了幾下後離開了鏡頭。由於學生的關注點主要集中在進球數上，所以自動過濾了這個相當搶眼的「黑猩猩」。這種過濾，其實就是我所說的——資訊的選擇性接收。

懂得了這一原理，就會明白每個人的資訊接收都是不完整的，我們很難客觀全面地看待一個問題。

③賦予意義，得出結論，採取行動

我們選擇性地接收資訊之後，自然而然地就會想要賦予這些資訊意義，從而做出種種假設並得出相應的結論，然後採取行動，這就是大腦中「推論階梯」的整個過程。了解推論階梯對管理者的日常管理有什麼作用呢？

我們做決定之前，一定要問一下自己：這有沒有可能只是一個推論，實際情況並非如此。這個問題對於管理者非常重要，因為人與人之間的溝通是非常複雜的過程。別人的一個眼神、一個動作，就有可能讓我們在大腦中產生不客觀的推論。比如說，一個熟人迎面走來，沒有打招呼，我們就會生氣，感覺這個人沒有禮貌，或者這個人不喜歡我。但實際情況有可能是他沒有戴隱形眼鏡、昨晚沒睡好、加班沒精神等各種情況。不要因為自己的好惡對別人進行推論，然後自己生氣。

過度推論的代價

學完推論階梯，對管理者最重要的啟示就是要認知到每個人看待事情的角度不同，所處的情境和情緒不同，都容易在認知上出現偏差。

我在華章教育工作時，曾經歷過一次優秀業務員的離職事件，事件的起因就是推論導致的誤會。

這名業務員的業績一直以來都非常突出，而且特別受學員歡迎。突然有一天，副校長跟我說：「我們要開除這位業務員。」

我十分不解，如此優秀的銷售人才十分難得，每年為公司創造的利潤也可觀，為什麼突然直接要開除他？我趕忙問副校長原因。他說：「這個人道德上有問題。有一位學員要求退費，是他經手辦理的，但這位學員現在還在我們這兒上課。你看，他一邊從總部退費，一邊又讓學員來上課，錢全進了自己的口袋。他在公司工作了很長時間，如此算來，公司的錢他一定貪了不少，我一定要開除他。」

我一聽，就明白副校長是陷入了推論階梯，這些情況都是他自己構想出來的，並不一定是事實。於是，我對他說：「先別做決定，萬一有什麼誤會呢？」

副校長不屑地笑了：「我已經親口問過這名銷售員了，他說已經退費了，但是學員說沒有退費，還要繼續上課。」

副校長言之鑿鑿，可我依然覺得很奇怪，這位業務員可是老員工了，貪污的機會很多，為什麼現在才被發現？我將自己的疑問告訴了副校長。

副校長壓低了聲音，頗有幾分神秘地對我說：「聽說他最近家裡買房，手頭缺錢。」

我依然不太相信，索性進行了一番深入調查，結果令人啼笑皆非：業務員記錯了退費學員的名字，為另一名學員辦理了退費手續。

事情澄清了，但是由於受到嚴重的懷疑，該名業務員不久後還是辭職了。這次推論所產生的誤會讓公司損失了一位優秀的銷售人才，直接造成了嚴重的經濟損失。

管理者在批評員工之前，一定要問自己：「此事是否可能只是我的推論，實際情況並非如此？」這個問題對於管理者而言十分重要，「智者疑鄰」的故事大家都聽過，實際工作中，由於管理者心中對於某件事已經有了定見，在溝通時便不會給員工反駁申訴的機會。在這種前提下交流，談話氣氛勢必較為沉悶。員工會認為既然管理者已經有了結論，再爭辯也沒有意義，不如將情緒藏在心底。帶著情緒去工作的員工，出錯的可能性會大大增加，以致陷入惡性循環。

如果將批評改稱為回饋，就意味著在談話之前，管理者不會對員工的所作所為做出任何主觀結論，只是陳述自己看到的現象以及對這種現象的擔憂。這樣一來，員工就握有一部分自主權。從命令式變成協商式，不僅是談話內容的變化，也會對員工的心理造成微妙的影響。經過這樣的談話，管理者與員工都進一步了解到對方的想法，管理者可以更加放心地讓員工去自我發揮，員工也更能明白管理者的要求。員工得到了相應的尊重，主觀能動性自然會大大提升。

透過正面回饋，引爆你的團隊實力

回饋分為正面回饋和負面回饋兩種，其中對員工的工作進行正面回饋，即我們俗稱的表揚，在有些人看來，僅是一個錦上添花的過程，對於員工的工作沒有實際的作用。然而，事實並非如此。

現在的員工，對於工作環境的重視甚至超越了對於薪資的重視。管理者留住員工的一個重要作法，就是塑造有吸引力的工作氛圍，千方百計保持和強化員工的工作熱情。在日常工作中找到員工的亮點，做出積極有力的正面回饋，是營造團隊和諧氛圍的不二法門。

當員工表現突出時，管理者的正面回饋通常可以分為三個層次（如圖 8–2 所示）。

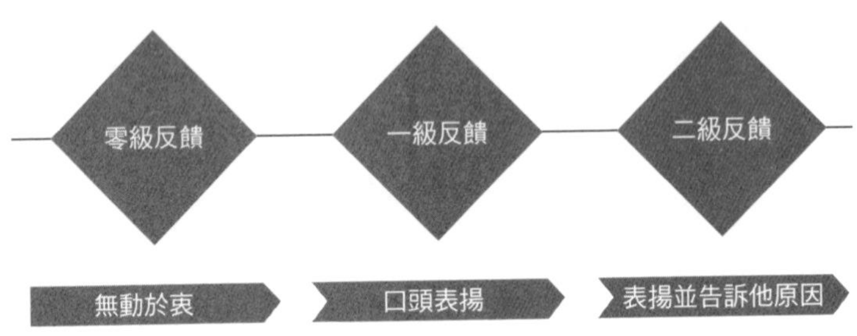

圖 8–2　正面反饋的三個層次

零級回饋：無動於衷

在一般公司中，管理者最常見的正面回饋是微微一笑，說聲「還不錯」便轉頭而去，或者乾脆默不作聲。這種反應就會給員工一種模棱兩可的感覺，讓其懷疑自己是否真的做對了。如果員工將自我懷疑的心理帶到日後的工作中，很有可能帶來這樣的結果：曾經做對的地方又出現了錯誤。究其原因，就是在他做對的時候沒有得到來自管理者正面積極的回饋，即時肯定他之前的工作方式。員工因為懷疑自己之前的工作方式是否正確，為了進一步確認才改變了原有的工作方式，導致發生錯誤。

這種無動於衷的回饋，我稱之為「零級

回饋」。之所以不是一級而是零級，是因為這是完全無效的管理方式，對員工的工作不僅不會產生任何促進作用，反而容易讓其消極怠工。

無動於衷之所以可怕，最根本的原因是人的群居性。這是人類的本性，每個人在做任何事情時，都希望得到來自群體的回饋和認可，沒有人可以免俗，只有得到周圍的認可，他才會覺得有安全感，有歸屬感。如果未能得到預期的認可，就會產生濃濃的孤單感，喪失群體中本應獲得的安全感，而這種緊張焦慮會使他喪失對外探索的欲望，心理變得十分脆弱。

家庭倦怠感經常也是「無動於衷」的產物。你會給你的家人一些正面回饋嗎？一般是沒有的。丈夫忙碌了一天下班回家，妻子已經做好了飯菜等著丈夫。此時，如果丈夫沒有給妻子積極的回饋，比如對她說「老婆你做的飯真好吃，你辛苦了」之類，而是直接打開電視，一邊看一邊吃，在吃完飯後也是一言不發或者寥寥應付幾句，結果可想而知。丈夫每月將薪水交給妻子的時候，妻子也不會做出積極的回饋，比如對丈夫說「老公辛苦了，你為這個家付出了很多，我很愛你」之類。

以上描述的情況，是我們最常見到的家庭生活狀態。在這種狀態中，雙方都把對方的付出當作理所應當，認為就算不說對方也會懂得，但其實並不是如此。親口直接說出來的言語力量是絕不能忽視的。如果有一天，正好一方情緒不好，這種家庭倦怠感就會成為導火線，將麻木相處升級為爭吵，為家庭生活的幸福埋下隱患。

同樣的道理，如果員工未能即時獲得應有的回饋和認可，便會陷入深深的自我懷疑，感覺自己做任何事情都沒有意義，自然無法像從前那樣在工作中全情投入。此外，員工做的事情中有大量重複性勞動，這本身就容易產生倦怠感。如果管理者對此還無動於衷，漠不關心，無疑會加重這種職業倦怠感，這對於需要全情投入工作的團隊而言，會產生巨大的傷害。

俗話說：女為悅己者容，士為知己者死。有功不賞歷來是管理中的大忌。在現代商業社會中，機會和平台比過去「鐵飯碗」時代多太多，「此地不留爺，自有留爺處」，當員工從你的功臣成為其他團隊的搶手貨時，後悔已於事無補。

一級回饋：給予讚揚

與零級回饋相比，公開的、正面的口頭表揚會讓員工明確以後的工作方向，深刻認識到工作的意義。因此，管理者如果很開心地對員工說「你做得很不錯」，就會讓員工感到被團隊認可。如果是新員工，他將會更快地融入團隊，與其他成員共同進步。我曾聽很多管理者反映，僅僅口頭表揚有點兒「敷衍」，給員工發獎金才算是真正有效的回饋，因為金錢更實際一些。

在這裡，我要提醒大家，不要將員工每一個正確的行為都跟錢掛鉤。將一切和金錢掛鉤這種行為在某些時候可能會起到完全相反的效果。哈佛大學教授邁可・桑德爾在著作《錢買不到的東西》，詳細解讀了金錢的兩個重要弱點，對人們使用金錢時的心理做了非常詳細的描述。

①效率遞減

金錢如果不能持續增加，人們對它的興趣就會迅速降低。人們總是希望錢越賺越多，一旦不能增加，就會感到失望。

比如，某團隊在創立之初將年終獎金定為一萬元，員工覺得待遇優厚，普遍非常興奮。但是，該團隊一連幾年都發一萬元年終獎金，員工不但不會興奮，反倒覺得錢變少了。

②腐化

金錢會讓很多事情喪失其原本的意義。一件有意義的事一旦跟金錢掛鉤，就有了「銅臭味」，並讓一部分追求精神層面意義的人自動遠離。這就是有可能在向員工發錢之後，他反而不願意繼續做原來工作的原因。因為金錢，使這件事喪失了它本身的意義。

比如在團隊中，一定有員工加班不是為了加班費，他只是發自內心地想要把工作做好。見到這樣的員工，管理者自然滿懷欣慰，如果此時給員工發加班費，反而會讓原本雄心勃勃的員工瞬間洩氣——「我加班難道就是為了這點錢嗎？你未免也太小看我了吧。」

雖然我們生活在一個「沒有錢，寸步難行」的社會，但在很多人的深層次心理中，並不喜歡只為錢工作。優秀企業崛起的根源是其偉大的願景，這些願景激發了人們內心深層次的心理需求，使各成員迸發出強烈的奉獻精神，從而做出令人矚目的成績。

這些優秀的企業給予我們啟發，讓我們更深入思考有些員工自願坐在辦公室加班的原因。企業氛圍一定是其中一個重要的因素，讓員工感覺自己身上背負著強烈的使命感，一種內在的精神動力驅使他這樣做。在這方面，華為為我們做出很好的榜樣。

華為用短短三十年時間成長為中國頂級的科技公司，連續多年位列世界五百大。在這份漂亮的成績單背後，是員工多年奮鬥的結果，也是管理者智慧的成果。

華為相信價值分配，實行員工持股制度，主張在顧客、員工與合作者之間結成利益共同體。基於這樣的出發點，華為員工將企業的發展與個人的工作成果緊密結合起來。為了公司能有更好的發展，他們願意更加努力地工作，早日做出成績。這種動力來自員工內在的力量，無須驅使，效率奇高。

一個只盯著錢的公司不會基業長青，同樣，一個只盯著加班費的員工也不會有很好的職業未來。一個好的管理者，會透過一級回饋讓員工感覺到工作的意義，激發他的工作熱情，成就企業的未來。

二級回饋：表揚並告知原因

管理者的終極任務是透過各種方式塑造調整員工的行為，然而有很多管理者對於應該在何時、使用何種方式塑造員工行為不甚了解。事實上，塑造員工行為的最佳時機是員工做對事情的時候，即需要加強正面回饋的時候。透過下面這個心理學實驗案例，或許能幫助管理者更深刻地認識這個道理。

科學家將三隻小白鼠分別放入三個T型管中進行實驗，目的是希望塑造出它們向右邊走的行為。第一組T型管的右邊是乳酪，左邊是電擊棒；第二組T型管的右邊是乳酪，左邊什麼也沒有；第三組T型管的右邊什麼也沒有，左邊有電擊棒。第一組是典型的紅蘿蔔加棍子，第二組就只有紅蘿蔔，很顯然第三組就只有棍子。這個實驗的目的是什麼呢?就是要了解紅蘿蔔加棍子的方式是否有效。

實驗結果顯示，第二組小白鼠率先學會往右走，第一組和第三組的小白鼠無論如何都學不會，它們待在原地不敢動，看起來並沒有走出去的願望，說明它們一點兒都不想參與到這個活動中去。很多時候你會發現，本來你的員工工作得好好的，當你走到他身後時，他就傻住了，甚至連電腦程式都打不開。

是什麼原因導致了這樣的結果呢？為了找到答案，科學家在實驗之後將三隻小白鼠解剖。結果發現，第二組小白鼠的健康狀況良好，而第一組和第三組的小白鼠都出現了「壓力性胃潰瘍」的症狀。

胃是對壓力非常敏感的器官，當人生氣或者感到壓力大的時候，胃就會出現問題。很多患有焦慮和抑鬱症的人，胃的健康狀況都不太好。第一組和第三組的小白鼠之所以沒有做出正確的選擇，就是因為它們承受著做錯會被懲罰的巨大壓力。它們寧願停止活動也不願意面對可能遭受懲罰的危險。

與負面回饋相比，正面回饋是塑造行為的最佳時機。管理學經典《一分鐘經理》中描述了這樣一位管理者：他的上班時間基本固定，從來不需要加班，但是公司業績卻逐年遞增，每隔一段時間還會再開一家新公司。作者想要探尋其中的原因，那個管理者就請他一起到公司的百葉窗前，幫忙盯著新來的員工。當員工做了一件正確的事情，這位管理者就會從辦公室裡走出來，表揚他做的事情與公司的價值觀非常吻合，這個過程耗時一分鐘。

時間是管理者最大的成本，作者對這位管理者將寶貴的時間用於表揚新員工十分費解，於是問道：「你這樣做有什麼意義呢？為什麼不去做點更有意義的工作呢？」管理者說：「我表揚了他，他就會知道這樣做是對的，以後還會繼續這樣做。如此一來，我需要操心的事情就又少了一件。」

書中的管理者向我們傳達了非常重要的資訊：**作為管理者，我們需要讓員工明確**

知道做什麼事情會得到表揚。但是在以往的管理經歷中，我們卻花了大量時間讓員工明白做什麼事情會遭到批評。這樣一來，員工就會像實驗中承受巨大壓力的小白鼠一樣，不敢跨越雷池一步，或者即使邁出這一步，也難免會害怕做錯，形成一個不良迴圈。

熟悉我的朋友都知道，我在北京辦公，而樊登讀書會的團隊在上海。由於分處兩地，我在管理團隊的過程中十分看重「二級回饋」。每當我發現某個同事做對了一件事，就會發封訊息，告訴他這件事情做得很對，對公司有很大的幫助。我的積極回饋，無疑會帶給員工巨大的成就感和責任感，讓他感覺這件事是他分內的，一定要把它做好。這樣一來，員工每天上班都帶著十足的幹勁，而我也就少了一件需要操心的事。

如果管理者總是批評員工這事做得不行，那事做得不好，員工就無法獲得成就感，不知道自己以後應該堅持什麼，應該放棄什麼。

給員工正面回饋的另一個作用，就是為團隊樹立獨特的價值觀以及團隊文化，增強團隊凝聚力，即使遭遇困境，也不會讓團隊陷入一盤散沙的境遇。

電視劇《亮劍》裡，獨立團團長李雲龍手下有兩個很厲害的士兵，一個叫和尚，另一個叫段鵬。李雲龍是個大老粗，他對待下屬最常見的方式是踹和罵，簡單粗暴。然而，和尚與段鵬對待李雲龍的「暴行」卻甘之如飴，沒有任何不滿，原因何在？

原來，李雲龍曾不止一次當面向此二人表達他的欣賞之意：「你們的血性是我最看重的東西。」透過積極回饋的方式，李雲龍反覆強調彼此間的共同價值觀，先強化再固化，深深烙進二人心裡。因此，每一次被「施暴」時，他們二人感受到的是一家人之間的打鬧與不見外，不僅不會懷恨在心，反倒會十分感激，心裡始終記著：「是團長把我培養出來的，我是團長的人。」

在日常工作中，對員工的工作表現即時給予正面積極的回饋，可以營造和諧的團隊氛圍，讓各成員感受到尊重和信任，讓員工找到工作的意義。

進行負面回饋時，對事莫對人

與正面回饋相比，對員工進行負面回饋是管理者工作中最棘手的部分。在日常工作中，很多管理者認為員工「說不得」。為了避免引起員工的情緒反彈，管理者在對員工進行負面回饋時，通常都會採用「三明治式」回饋模式（如圖 8–3 所示）。

第一層，表揚員工平時工作做得不錯。

第二層，指出員工現階段工作中存在的問題。

第三層，告訴員工改進之後會達到的成就。

這種溝通方式的缺陷在於，員工會選擇地接受那些表揚性的詞句，而將真正需要反思的問題拋諸腦後。更有甚者，由於管理者批評的語言婉轉晦澀，員工甚至都不知道這是負面回饋。

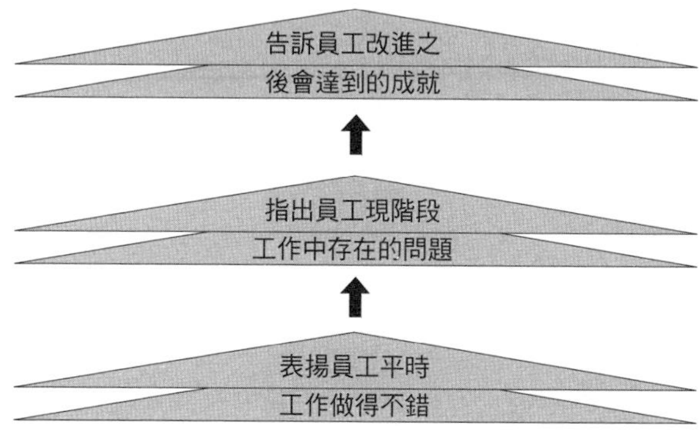

圖 8–3 「三明治式」回饋模式

雖然不討喜，但是負面回饋是管理者日常工作中不可或缺的內容。透過負面回饋，能夠讓員工清楚認知到自己在工作中存在的問題，幫助他們改正，以便完成團隊目標。負面回饋不可怕，避免員工情緒反彈的重點不在於我們回饋的內容，而在於回饋的方式。管理者應該盡量避免使用帶有明顯主觀色彩的詞句，比如，避免使用類似「你總是」「你從不」的字眼。要知道，無論何種事實，一旦帶上了這類詞彙，都會變成管理者的主觀感受，從而引起員工的情緒反彈。

舉例來說，妻子對丈夫說：「你從來都不關心我。」這種陳述明顯不符合

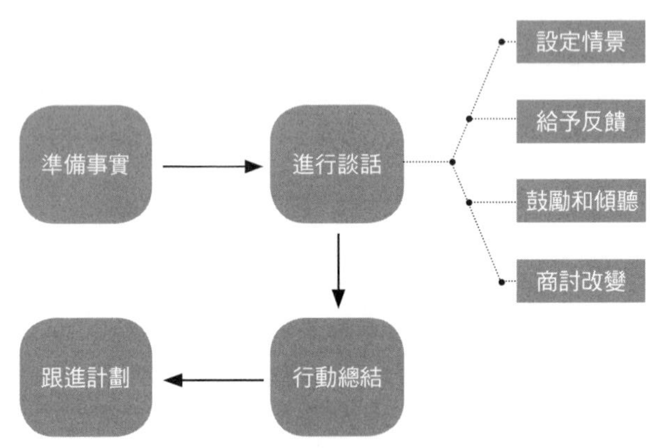

圖 8–4　負面回饋的四大流程

事實，起碼在結婚之前，丈夫是關心妻子的，否則二人也不會走到一起組建家庭。只要關心過一次，就不能說從來都不關心。言者無心，聽者有意，一旦出現這類詞句，就會導致聽到的人非常生氣。

那麼，正確的負面回饋應該如何進行？在此，我總結了負面回饋的四大流程，供大家參考（如圖8–4所示）。

第一步：準備事實

有句話叫「事實勝於雄辯」。相比臆測，人們總是更容易接受事實。

負面回饋的第一個步驟就是準備事實，同時也要準備與員工談話的情緒以及對談話後果的心理預期。

第二步：進行談話

有了事實，就可以進行談話了。在談話過程中，有幾個細節需要管理者注意。

設定情景

管理者肯定對這種情況不陌生：員工被你叫去談話，但是長談之後，員工依然不知道你想表達什麼意思、談話的主題是什麼。設定情景就是希望員工在第一時間內明白此次談話的主題，避免談話的效率低下。比如，「我今天找你來是要了解一下這個月的銷售情況」「讓我們談一下近期工作量的問題」「我想和你聊一下客戶滿意度的問題」等等。

如果是一次沒有設定情景的談話，那就會帶給與談者非常糟糕的溝通體驗，舉例來說：「你們可以根據用途將這些材料分成兩類，一類是機械式，另一類是人工式。

你們可以在材料中加入化學試劑，也可以不添加。在讓它們恢復原狀時，你們可以選擇物理方法，也可以選擇化學方法。」

以上就是一次缺乏情景設定的談話，我感覺幾乎沒有人能看得懂。如果前面加上一個情景設定：「我們來談一下洗衣服的方法」，那麼我們基本可以理解上文中的意思。可見缺少了明確的情景設定，恐怕誰都無法明白這一連串談話的意義，設定情景對於談話的重要性由此可見一般。

給予反饋

給予反饋的過程有很強的個人色彩，每個管理者都有自己的談話風格，有金剛怒目，也有和風細雨。風格無所謂對錯，但內容有其標準。在這裡，我向各位管理者推薦一個給予反饋的標準化工具BIC。

BIC是英文「Behavior, Impact, Consequence」的縮寫，意指行為事實、影響、後果。這一工具在IBM等跨國企業中被普遍使用，是管理者向員工給予反饋的標準模式。通俗而言，就是將一件事的事實、產生的影響以及可能造成的後果一次說給員工聽，中間不停頓。我以某員工遲到為例，讓大家對這個概念有更加清晰的了解。

事件：小王連續多次開會遲到，作為管理者，為這件事找小王談話。談話內容分為以下三部分。

第一部分：事實（B）。事實是指那些已經發生的行為，比如這週內小王每次會議遲到的時長、出席會議的人員名單等。事實真實存在，很容易被驗證，因此在管理者說出事實時，人們一般不會產生抵觸情緒。

因為小王的遲到次數較多，許多管理者開篇第一句話往往是：「小王你經常遲到。」注意，這句話不是「事實」，只是管理者根據事實總結出來的「觀點」，不能用於給予反饋，否則會引起小王的抵觸情緒。在事實部分裡，管理者需要區分事實和觀點，只講事實，不提觀點。

第二部分：影響（I）。影響是指已發生的事實，對周圍的人和事產生的作用。比如，小王在會議開始後進入會場，會議主持人和其他與會人員的思路會被打斷，這是對他人的影響。小王在遲到之後也會錯過會議的很多內容，這是對其自身的影響。

第三部分：後果（C）。後果是指在影響的基礎上，強調長期持續會引發的負面效果。如果與會者的思路總是被打斷，管理者和其他同事對小王的印象會變差、開會總是遲到，不尊重他人，可能會在工作中落後等等。這些後果事關小王的切身利益，理應引起小王的重視。

管理者在給予員工回饋時將ＢＩＣ一鼓作氣說完，可以讓員工比較客觀地看到自身行為產生的負面效果，進而產生改進的願望。日常管理中，一些管理者在談話中習慣每說一句話就問員工：「是不是這樣？」這就給了員工反駁的時機和理由。此時詢問，暗示意味和針對性較強，容易激化矛盾。

相比之下，一鼓作氣將ＢＩＣ都說出來，員工就會明白，管理者並不是在針對他個人，而是想要對工作負責。在工作優先的前提下，員工更願意心平氣和地與管理者討論問題。

鼓勵和傾聽

假如員工由於無法完成任務，在談話中表現得情緒較為激烈，我們應該按照第七課中談過的傾聽原則，先安撫員工的情緒，等情緒穩定之後再進行對話。

對於這樣的員工，管理者與之對話的內容應當傾向於鼓勵，可以使用表揚等積極回饋手段，對他以往工作表示認可，再展望改進之後的工作。這樣做，員工會感覺得到了理解，無形中拉近了彼此的關係。

為什麼這時候不適宜跟他談工作中的問題，反倒要多一些鼓勵和表揚呢？原因顯而易見，在員工情緒激動時與他談責任和問題，他「聽不進去」。

人在自信時才會勇於承擔屬於自己的責任，不自信時，就會覺得周圍的人都在針對他，從而不願意承認自己的過失，拒絕承擔相關責任。因此，在員工出現情緒問題的時候，管理者需要將更多的精力放在鼓勵和傾聽上，有時「曲線救國」才是正理。

商討改變

在這一環節，應該讓員工更多地發表意見。唯有如此，在以後的工作中，他才會有意願去執行自己承諾的改變。此外，一個優秀的管理者在結束談話之後，會把談話的成就感歸功於員工，而非自己。

比如，當員工提出一個可操作性較強的解決方案時，優秀的管理者會說：「這個主意真棒，能幫公司解決很多問題。」而一個自作聰明的管理者說出的話是：「之前我就告訴你這樣去做，你不聽，現在總算想明白了。」無疑，後者會讓員工的成就感灰飛煙滅，工作熱情也會受到很大影響。

一般的負面回饋在這個環節就可以結束，如果涉及團隊整體利益，則需在此基礎上增加兩個步驟。

第三步：行動總結

所謂行動，是指實現目標的具體步驟。

比如，員工跟管理者說：「我要在年底前將銷售業績提升二〇%。」這句話點明了員工的目標。為了實現這一目標，員工還需總結出具體的步驟：「我的第一步行動是每天拜訪十個客戶，爭取訂單。與此同時，我的第二個行動是每天下班後在辦公室練習提案技巧。」

只有把目標落實到具體行動上，目標才有實現的可能，負面回饋也是如此。只有將回饋結論落實在具體行動上，談話內容才能落地，而不是僅僅停留在口頭上。回饋是為了塑造員工行為，管理者需要總結以往的行動經驗，為新計畫的推出做好鋪墊。

第四步：跟進計畫

一次優質的回饋，有較大可能產出全新的行動方案。負面回饋的最後一步就是跟進全新行動方案。我們需要經常跟員工交流溝通，監督方案的實施過程，就目前的工作給出合理的意見。

在回饋的兩種類型中，正面回饋更適合塑造和調整員工的工作行為，但負面回饋也是團隊管理中不可或缺的部分。據統計，在團隊的日常管理工作中，正面回饋與負面回饋的最佳比例是四比一。在這種情況下，團隊的整體氛圍會特別和諧。相反，在氣氛較差的團隊中，這個比例是一比六。這個比例需要管理者靈活掌握，切不可走極端。

這提示我們在即時回饋的問題上，多一些正面回饋，少一些負面回饋，糾正工作中總想挑剔員工工作表現的固有習慣，讓團隊氣氛更加和諧。

維護團隊成員的自尊

作為管理者，經常要思考的問題是：「如何打造一支有戰鬥力的團隊，吸引新人，留住老人？」前文中我們反覆提到與員工建立尊重和信任的關係，方式包括認真傾聽、即時回饋、保持適當強度的互動，這有利於管理者和員工保持相對親密的夥伴關係，打造與員工的情感帳戶。只有這樣，當不得不進行負面回饋的時候才不會對員工造成消極影響。尊重和信任的建立是相對漫長的過程，這也是一個好的團隊中正面回饋的比例較高的原因。

如果只是和樂融融，團隊也是非常危險的。團隊更應該像一支球隊，為了共同的目標努力奮鬥。這就需要管理者在團隊中營造自尊自強的氛圍。這就是負面回饋存在的理由。

企業正常營運需要規章制度，也需要管理者運用手段，不斷強化這些制度的存在感。但是一個優秀的管理者更傾向於培養員工的自主性、自覺性、自律性，而足夠的自尊是關鍵。

我們應該都見過一些對孩子管束十分嚴格的父母，每一件事都要按照家長的意見來，孩子沒有任何決策的權利，就像一隻提線木偶一直被操縱。長期下來，孩子會感覺他的任何決策都會被否定，都沒有意義。這種無助感會激發孩子叛逆的內心，減低孩子的自尊心。

工作上的自尊從哪裡來呢？自尊就是從一次次被肯定的經歷中獲得的。作為企業管理者，我們需要不斷給員工獲得自尊的機會。相反，如果控制不住挑剔的心，總是提醒員工工作中出現的錯誤，那麼員工的自尊心就會受到強烈打擊，對自己產生懷疑，放低對自己的評價，在工作中產生畏難情緒也就不足為奇了。

在大量工作中優先看到別人的缺點，是很多管理者的通病。這是我們的本能。優秀的企業管理者，必須盡力壓制這種本能，善於發現員工身上的長處，表揚和強化它，員工會在不斷的積極回饋中，明確自己的工作方向，更有勇氣和力量承擔責任。如果每個員工都可以獨當一面，承擔屬於自己的責任，也就意味著，管理工作取得了非常不錯的成績。

管理沒有絕對的對和錯，只有對自己的團隊而言是否適合。但是我們確實有必要學習使用一系列工具，幫助我們最大程度接近正確的東西。

在這一課，我們學習了許多關於團隊建設的內容，希望大家調整心態，將工作視為一次次刻意訓練，不要對自己有太多苛責。如果壓力過大，就不能隨心探索，真正發現適合團隊建設的途徑。

團隊建設是一個循序漸進的過程。在團隊談話中，我們很難同時用到學習過的諸多工具，比如SMART、BIC等，但是只要我們已經開始在工作中應用這些工具，比如開始擴大自己的公開窗格、注意傾聽等，就應該得到讚美。只有不斷給予正面回饋，才能更快掌握管理技巧，以後才會越做越好。

人們通常認為給予負面回饋就是「得罪人」。如果用管理者主觀思維去評判員工的工作成果，當然會出現一些這樣的負面結果。但是只要談話中始終保持理性客觀的態度，像一面鏡子一樣反映出員工真實的工作狀態，始終將重點放在工作討論上，即使是負面回饋，也會贏得員工的尊重和信任。

第 9 課

有效利用時間，拒絕無效努力

管理者只有科學地安排好事務的處理順序，才能使工作效率提高成為可能。涉及團隊協作時，管理者要有激發成員熱情和創意的能力，以提高整體決策的效率和品質。

把時間用在關鍵要務上

我在企業培訓時有個規矩：所有學員和現場工作人員的手機必須調成靜音或者關機，這是對所有人的尊重，也能保證培訓的效果。對此，有的學員哀聲連連：「樊老師，下面的人找不到我不行啊！」「我不能關機，事情太多了。」「不好意思，我得出去接個電話。」諸如此類，不勝枚舉。

我相信每一個團隊管理者都是真的忙，但卻非常不認同他們這種「忙」。作為管理者，很多事情需要透過別人完成。我想很多人對這一點雖然有認知，但還是做不到，有「急事」發生，自己一馬當先就衝上去了。這裡面其實有很多問題。

我們經常看到，有些公司成立時間很長，辛辛苦苦營運了幾十年，還是最初的模樣，還是最初的商業模式。員工很勤奮，老闆更賣力，為什麼沒有發展得轟轟烈烈，其中一個關鍵因素就是團隊管理。

簡單來講，就是因為「忙」。忙會讓人疲於應對眼前的各種「急事」，團隊缺乏全域意識，或者即便有這樣的意識，也沒有時間，最終錯失了很多機會。作為團隊管理者，我們需要跳出這種「瞎忙」的輪迴，把時間用在全域規畫、解決根本問題上，「好鋼要用在刀刃上」。管理者要做的是透過培養員工去解決具體問題，將自己從「瞎忙」中拯救出來。這樣才能站在更高的地方，發現更好的機遇，指揮企業前進的方向。只有從具體工作中脫離出來，讓員工承擔他應承擔的那部分責任，企業領導者才能算是真正成功了。領導者在團隊中的作用歸納起來就是六個字：**找出關鍵要務**。

我們將公司比喻成一支球隊，大家的一致目標就是贏得比賽。然而，在比賽的各個階段，球隊還會有階段性的目標。比如，某階段是防守反擊，某階段是全力進攻，某階段是控制局面等等。

從團隊管理的角度來說，管理者的主要任務就是**分清主次，找到團隊當前階段的努力方向**——哪些事情是與公司發展前景密切相關的關鍵事件，應該受到足夠的重視；哪些事情看似重要，但在人手有限的情況下，可以緩緩再做。只有這樣，整個團隊才會抓住最好的機會不斷獲得進步，否則，雖然每個成員看起來十分忙碌，似乎都很努力，都有做不完的事情，但整個團隊卻一直在原地踏步，發展緩慢。

作為對團隊和全體成員未來負責的管理者，在紛繁複雜的眾多工中，一定要知道哪一件事情是當下必須全力以赴的關鍵要務。

別讓緊急的事耽誤重要的事

在樊登讀書會的發展早期，由於產品固有的缺陷，使用者體驗不太好。我每天都收到來自五湖四海的用戶的各種抱怨。比如，由於網路原因無法完整收聽音訊；彈出式廣告品質不好，影響體驗；新產品跳票，無法如約上市……如是這般，五花八門。如果我每收到一個用戶回饋就讓人立刻處理，那麼整個團隊的所有工作就是在不斷地「修補」，繼而錯過最關鍵的發展時期。

處於那個時間節點，發展是第一要務，而快速拓展會員人數，二維碼系統（QR Code）是重中之重。有了它，樊登讀書會才能快速地發展會員，企業日後的發展才會得到保障。在想明白這個道理後，我就跟所有團隊成員說：「目前最核心的工作就是用戶推廣的二維碼系統，先把別的工作放在一邊，集中精力先把這個系統做出來。」

正因為我的這個決斷，樊登讀書會在那時收到了很多用戶的差評，說用戶體驗差，回饋的問題都沒有得到即時解決。我們在推出二維碼系統後，便將主攻方向放到了提升音訊播放的流暢度和提高用戶體驗上，在全國範圍內尋找最合適的代理商，不斷完善產品，贏得使用者口碑。

接下來的每個發展階段，我都會不斷尋找該階段的關鍵要務，集中精力加以解決。現在看來，正因為對各個階段關鍵要務的準確認知和迅速解決，才有了今天蒸蒸日上的樊登讀書會。

《莊子．應帝王》中寫道：「至人之用心若鏡，不將不迎，應而不藏，故能勝物而不傷。」「物來則應，過去不留。」也就是說，高明之人像用鏡子一樣用心，不在它到來之前時時擔憂，不在它遠去的時候勉強挽留，只關注當前的事物，這樣才能克服外在的壓力，獲得人生自由的狀態。

禪宗典籍之一的《趙州錄》中也有類似的描述，稱這種狀態為「猶如明珠在掌，胡來胡現，漢來漢現」。在佛經中，明珠代表一個人清明澄澈的內心，真實地反映外界事物，不為外物制約和牽扯。這是團隊管理的最高境界。

「管人」比「理事」重要

前面我們說了管理是要透過別人完成任務，現在我們說一下管理的工作內容。有人說，管理的工作內容太多了：制定計畫，督促實施，階段總結等等。管理工作很多，但是總共只有兩類：一類是管人，一類是理事。上面所說的制定計畫等都是屬於「理事」的範疇。我們經常忽略了「管人」這個部分，其實這是管理工作中最主要的內容。

舉例來說，管理者跟員工的談話內容是，這月的銷售額完成了多少，客戶拜訪了幾個，這叫作理事。如果管理者問的是，工作中有什麼困惑的地方，這就屬於管人的範疇了。而在實際工作中，管理者與員工溝通的內容，更多的是理事，而不是管人。換句話說，我們在時間分配上，將更多的時間給了理事，而管人的時間分配得很少。可能是大家感覺管人是個慢活，不如理事來得直接、見效果。其實這是一個錯覺。

在時間管理的四種類型中，管人和理事分別屬於重要不緊急、重要且緊急的範疇。通常情況下，管理者最常見的做法是先做重要且緊急的事情——理事，做完之後會發現，怎麼又出現了很多重要且緊急的事情？接著理事，於是一直保持著忙碌的狀態，而重要不緊急的事情——管人，則根本顧不上。

這種時間分配方式會造成一種後果——在團隊中，管理者業務能力是最優秀的，但是由於沒有足夠的時間去培養員工，員工的能力很一般。

管理才能是以員工是否獲得成長來評判的。很多管理者在某個崗位待了很長時間，仍然沒有培養出所在部門的後備人才，這就意味著，只要離開管理者，該部門就無法正常運轉。換句話說，他只能待在這裡，即使老闆想提拔他也沒辦法。

領導力就是培養人才的能力

星巴克的人力資源規範裡有一條這樣的規定：一個店長要想被提拔成區經理，需要為所在分店培養出至少兩名新店長。如果沒有培養出新的店長，便沒有資格升任為區經理。

我曾聽說過這樣一件事，某店長由於長期沒有被提拔成區經理，憤憤不平，向高層領導反映：「沒有培養出店長又不是我的錯，店裡員工素質太差，根本培養不出來。我管理水準這麼高，為什麼僅僅讓我做個店長？」

收到他的意見後，星巴克的高層領導很快給出了答覆：「你確實才能出眾，只要你離開分店去做區經理，這家分店就無法正常運轉，因此你的才能只適合做這家店的店長。」

管理者最重要的任務就是要培養、帶領員工成長。只有這樣，你才有升遷的希望，才能應對將來更加複雜的工作，整個團隊也會獲得快速擴張和發展。傳奇CEO威爾許曾經說過：「如果你認為一件事很重要，就一定要為它分配足夠多的時間。」團隊管理最重要的是管人，但是我們沒有為這件事情分配足夠多的時間，這無疑走錯了團隊管理的方向。

創造高效專注時間

這樣看來，無論是對於團隊發展還是個人發展，管理者確實有必要改變自己的工作側重，從理事轉到管人上來，這樣才會避免重要且緊急的事情密集出現。統計資料表明，一般的職業經理人八〇%的時間都在處理重要且緊急的事情，而一個高效能的職業經理人七〇% 的時間都在做重要不緊急的事情。是否願意花更多的時間在管人上，也成為管理者效能高低的重要衡量標準。

這個道理並不難理解。如果公司規模較大，管理者的行程通常都會比較緊湊，一些重要場合面臨的壓力會對日常工作產生一些影響。

某位管理者打算在下午兩點到五點做一件重要且不緊急的事情——跟某名員工談心，但是突然接到領導要來視察的通知，於是便將談心的安排往後拖，先去應付領導視察。領導走後，這位管理者找來該員工談話，但是由於晚上有一場重要的商業談判，這位管理者在與員工談心時可能就沒有那麼專心，效果也好不到哪裡去。

試想一下，這位管理者雖然為「與員工談心」這件重要且不緊急的事情安排了一個完整的時間段，但是在其他事情的干擾下，這段時間產生的實際效率非常低，並不能起到應有的效果。

在上述案例中，管理者最容易忽視的談心恰恰是最核心的工作內容。如何保證在這段時間內仍然集中精神不分心呢？

這就需要用到標準化的工具了。我們可以利用一些類似行程表的小工具，記錄下來某個時段要做的事。比如，晚上七點到九點要開會，下午四點到六點要準備會議資料，等等。到了這兩個時段，管理者就放下手頭其他事情，專注處理好這兩件事，除了這兩個時段之外，不再多花時間。如此一來，便會有效提升效率。

這種辦法是美國非常流行的一種高效工作方法——GTD（Getting Things Done，把事情搞定）。GTD的核心理念是必須記錄下來要做的事，然後整理安排並讓自己一一執行，大致分為蒐集、整理、組織、回顧和執行五大步驟（如圖9-1所示）。

「把事情搞定」的五大步驟

①蒐集

將能夠想到的所有應該去做的事情羅列於「待辦事宜」中。待辦事宜可以用實體性質的資料夾、記事本和紙張等記錄下來，也可以運用數位形式存在的電子行程表。這一步的關鍵在於，將所有未來可能面臨的任務全部記錄下來。

②整理

將進入「待辦事宜」的事項進行分類處理，定時清空。一般來講，類型分為「可

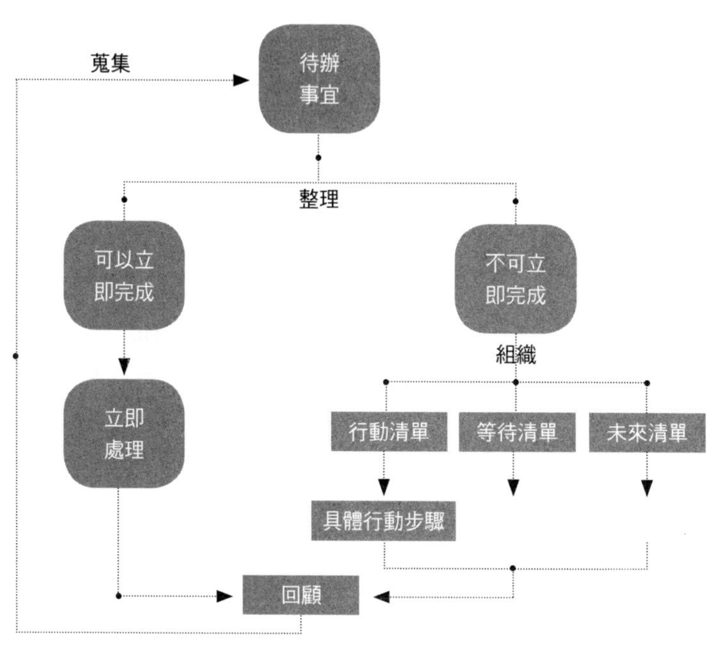

圖 9–1 GTD 流程圖

以立即完成」與「不可立即完成」兩類。對於可以立即完成的事項立即處理，清空任務。對於不能立即完成的事項則進入下一步組織環節。對於一些參考資料類的資訊，可以對其進行標記後分類存放。

③組織

組織是GTD中最核心的規畫步驟，需要管理者綜合考慮各方面因素，制定出相應的計畫。行動的組織可以分為行動清單、等待清單和未來清單三部分。

- **行動清單：**是指下一步具體的行動。如果下一步包含多個步驟，則需要細化成更為具體的工作，比如地點和時間等。這樣管理者就會了解應該做的工作。
- **等待清單：**是指委派別人去做的工作。
- **未來清單：**是指延遲處理、未設置具體完成時間的計畫。

④回顧

回顧是指每週都進行清單回顧、檢查和更新的步驟，確保GTD系統的正常運作，並保證下週計畫正常進行。

⑤執行

按照清單開始行動。GTD的做法實際上是透過工具來防止「瞎忙」情況的出現。由於事先安排好了每段時間的任務並設置提醒，我們不會錯過任何事情，也不會因為擔心沒時間做一件事而影響其他事情的正常推進。正如王陽明所說「心無外物」，修練心性到只專注於眼前的事物。東西方文化在這個問題上彼此交融，也是十分有趣的一件事。

告別氣氛沉悶、效率低下的會議

美國好萊塢的電影工業十分發達，此地聚集的大量電影專業人才以及世界最先進的設備器材，固然是其成功的基礎，但其制勝的關鍵因素卻應該是標準化流程，而標準化流程也正是使好萊塢拍的電影基本可以達到八〇分水準的真正原因所在。那麼，好萊塢電影的標準化流程是怎樣的呢？

好萊塢電影在拍攝之前，首先需要有一個好的構想，比如說智慧型犯罪。製片人可以拿著它去找投資人並說明，我們要拍的是智慧型犯罪類型片。如果投資人感興趣，就會要求製片人將這個核心構想不斷擴展為故事梗概。整個故事脈絡基本清晰，就剩下其中的細節處理了。這時候開始請優秀的編輯團隊對各個細節充分展開想像，最後對各個細節進行完整編排，形成劇本雛形。這是一個腦力激盪的過程，在編寫電影劇情的過程中，每個人都可以有自己的想法，各抒己見。等到完整劇情基本確定之後，再從商業角度確定演員和導演等人選，最後開機拍攝。

好萊塢的電影大多都是團隊集體腦力激盪的成果，其核心是故事情節。中國電影的流程則完全不同，大部分是由投資人拍腦袋決定，並且毫無章法可言，更別提標準化。

在中國的電影界，最常見的拍片動機基本是來自投資人。這些投資人出於捧紅某個人的期待，千方百計地聚攏著名的演員和導演，組成「豪華陣容」，然而並不太注重其他方面，以為僅僅這樣就可以拍出所謂的「大片」。當觀眾被明星們吸引去影院的時候，就會發現故事情節設計得十分幼稚，除了一張張明星臉，其他沒有絲毫可觀可取之處。這是因為在中國電影的整體設計流程中，最核心的故事情節和設計環節非常薄弱。非但如此，很多投資人偏偏總是喜歡對故事情節和設計環節指手畫腳，導演和編劇的思路往往會受到諸多桎梏。這些因素導致無法形成真正有效的腦力激盪，創意和靈感更無從談起，影片品質自然難以保證。

中美電影間最大的鴻溝，就在於故事情節設計。當好萊塢電影團隊坐在一起進行腦力激盪時，大多數中國電影團隊正在經歷投資人「一言堂」的折磨。兩相對比，高下立判。

藝術源自生活，我花費了大量筆墨對比中美電影，當然並不是想糾集一幫朋友為中國拍部叫好又叫座的電影（也不排除未來有這方面的可能），而是想告訴各位管理者和部分投資人，腦力激盪在團隊管理尤其是團隊會議管理中的重要性。

相信大多數管理者都會遇到會議氣氛沉悶、效率低下的問題。究其根源，其實是管理者並沒有注重，或者充分激發團隊各成員的創意，也沒有充分鼓勵他們表達自己的想法。要想解決這個問題，腦力激盪是我比較推崇，也是比較有效的方式。要知道，人類思維有其自身固有的局限，很難克服，而腦力激盪恰能對此進行彌補。

惰性和局限性

人類在找解決方案的時候，如果已經找到一種方案，相關的思維活動就會停止。這也是大部分會議遵循的一個流程：針對一個問題，有個人提出一個解決方案，問大家可以嗎？大家都說可以。這個方案看起來還不錯，並沒有仔細分析透徹，就去做了。在這樣決定之後，我們往往放棄了繼續尋找更有效的解決方式的努力。也就是說，找到一種解決方式的代價，是扼殺了創造更好結果的其他可能性，這無疑是創意蒐集中令人十分遺憾的事情。

受限於自身的成長經歷、知識水準等因素，我們的思維有很大的局限性，對此我深有體會。

創業初期的我一度十分自負，總認為自己見多識廣、經驗豐富。因此，一旦做出某個決定，我都要求團隊中的每個夥伴立刻執行，沒有充分聽取其他意見。可是當他們按照我的意圖執行之後，我有時會發現效果並不好。此時，我才意識到自己也有很多考慮不周的地方，只靠我自己的想法遠遠不行，大家聚在一起進行腦力激盪時，更有可能全面地看待一件事，找到更好的解決方式。

腦力激盪

既然腦力激盪如此重要，那麼一個優質的腦力激盪會議應該遵守哪些原則呢？

①對於意見不批評，不深入討論

舉例來說，某次會議的主題是討論如何提升客戶滿意度。團隊中有人提出了一個意見，另一個人開始針鋒相對，探討這個意見為什麼不合適，然後兩個人就開始順著這個意見的方向走下去了。整個會議的方向開始出現偏差，整個會場只能聽見二人的聲音，火藥味越來越濃。這時，其他的與會者心裡會想，在這種場合提出自己的意見要冒著被批評、被指責的風險，不如將意見埋在心裡。如果反駁的人是管理者，其他人則更不敢發表不同意見，生怕被管理者當場駁斥。如此一來，自然無法蒐集到足夠的意見和資訊，也會極大地降低團隊的會議效率。

試想，當提建議人的意見被人駁斥時，其他人還能有心思提出新的意見嗎？尤其是當反對者是管理者時，這種團隊中的集體沉默就更加明顯。大家都會在心裡暗暗盤算：「那就讓他先說，咱們附和就可以了。」

相反，如果每個人的意見都可以在一種平和的氣氛中表達，並得到團隊其他成員的尊重和讚許，那麼其他與會者也會樂於參與其中，貢獻自己的智慧和創意。

我曾受一間工商銀行之邀，為其主持過一次腦力激盪，目的是提升分行的客戶滿意度。會議開始後，大家各抒己見，後來其中有一個人說道：「不滿意的客戶別來。」

這個主意其實沒有什麼問題，但是感覺有點兒無稽之談的意思，有些彆扭。此時，行長有點兒坐不住了，朝發言者瞪眼睛。我見狀趕忙說：「這主意不錯，我得趕緊記下來。」

當其他與會者發現這樣的主意也可以被記錄下來時，有實質意義的腦力激盪才真正開始，大家提出了一個又一個令人驚喜的想法。會議帶給全體成員很強的參與感和責任感，大家都覺得有話可說，自己的聲音和意見能夠表達已經是一個很好的開端了，至於最後是否被採納，反而顯得不那麼重要了。

當我蒐集並記錄了大量有價值的意見後，便回頭問剛才提出意見的那個人：「你說讓不滿意的客戶別來是什麼意思？」

他回答道：「我發現很多老人家到銀行就是交個瓦斯費和水電費，這種業務壓根就不賺錢，所以完全可以交給其它銀行去做。像我們這種高端銀行，服務的主要人群應該是高端客戶。如果領導採用了我的意見，相信銀行的業務水準會得到有效的提升。」

聽他說完原委，行長頻頻點頭，並且同意了這個提議，在銀行內部增設了客戶貴賓窗口。

管理者在組織腦力激盪時，應以一顆寬容的心容納一切天馬行空的想法，尊重所有成員的意見。很多表面看起來會被嗤之以鼻的想法，只要留給大家足夠的時間去陳述，就會發現這些意見中的價值和意義。

②不要急著否定

當有人在腦力激盪中提出某個具體想法時，可能會有其他人也表態說這種方法之前嘗試過，但因為某種原因收效甚微，這個建議一定不可行。這種情況相信各位管理者都曾在會議中遇到過，我的觀點是：即便其他人確實嘗試過該想法，結果也確實不太成功，但我非常不提倡這種當場否定的做法。當場否定其他人的意見，對會議氛圍的破壞力顯而易見，腦力激盪就起不到應有的作用。腦力激盪最核心的部分是讓團隊各成員都能從中獲得參與感，以便蒐集更多更好的想法，任何阻礙參與感的行為都不值得提倡。

透過腦力激盪來搜集足夠的意見是改善企業管理的重要途徑之一，但是現實環境中，很多企業的腦力激盪會議中總是充滿了打斷和爭吵，最後幾個小時下來，蒐集到的意見也寥寥可數，會議效率極低。因此我們有必要對腦力激盪的流程梳理一下。

第一，要明確本次會議討論的具體問題，問題越具體越詳細越好。

第二，先不要急著發言，每個人針對具體問題，先構思，把自己的想法記下來。這個記錄的過程給了與會者獨立思考的時間，有益於形成真正獨特的思考。

第三，各自陳述。將自己的觀點陳述出來，其他人只能表示肯定，否定意見暫時保留。在別人陳述的過程中，其他人有時間繼續完善自己的方案。這樣呈現出的解決方案數量最多。

這樣才算是一次成功的腦力激盪。而管理者需要做的，便是維護好會場秩序，讓每個與會者都有參與的機會。

需要注意的是，進行腦力激盪的人數不宜太多，一般不超過十五個人。此外，最好請一個局外人參與進來，這樣往往會給團隊帶來更加新鮮的視角和方案。

正確又高效地做決策

蒐集到足夠多的解決方案是腦力激盪的第一步，接下來就到了會議的決策環節。這也是傳統會議流程中最容易出現矛盾的環節。

在這個環節，團隊成員通常分為兩類：一類人同意，另一類人反對。這兩類人都沒有絕對的對與錯，他們都是團隊中不可忽視的人才，意見都有其價值。如果非得說二者的區別，那便是持同意意見的人比較樂觀，持反對意見的人比較謹慎。

雖然這兩類人並沒有對或錯，但是如果任由雙方一直爭執下去，團隊工作就無法正常進行。管理者需要在決策環節使用相應的工具來獲得最後的結果，這個工具就是「六頂思考帽」。

六頂思考帽

英國創新思維大師愛德華．狄波諾博士寫過一本名為《六頂思考帽》的書。在書中，他將人的思維分成六種角度，每一種角度用一種顏色的帽子來表示。

白色思考帽

白色是中立而客觀的。戴上白色思考帽，需要將精力集中於客觀的資料和事實。當與會成員都戴上白色思考帽時，需要冷靜地分析實際情況，正確評估事情的可行性。大家只說事實的時候，是用不著吵架的，這樣資料蒐集的部分很快就會完成。

比如，某個項目是在二〇一五年由五個程式師歷時三個月設計完成的，專案的預算是二百萬元，二〇一六年全年的銷售額是二千萬元等等。

綠色思考帽

綠色代表茵茵芳草，象徵勃勃生機。綠色思考帽寓意創造力和想像力。它具有創造性思考、腦力激盪、求異思維等功能。

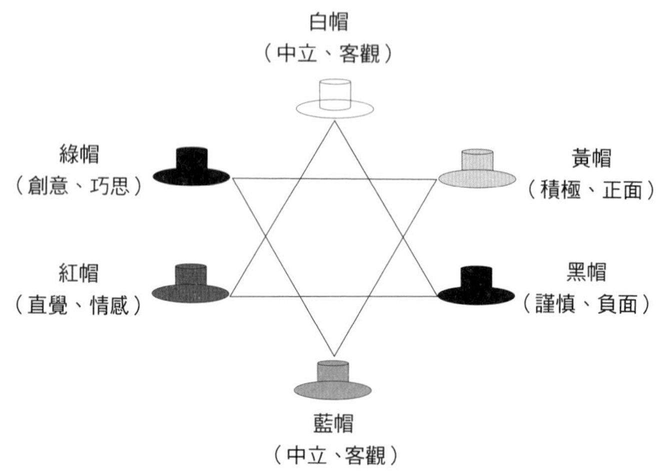

圖 9–2　六頂思考帽決策流程

當與會成員都戴上綠色思考帽時，需要用跳躍性的創意思維進行思考，為可能的風險因素和困難情況想出一些新的點子。

黃色思考帽

黃色代表價值與肯定。黃色思考帽需要人們從正面思考問題，表達樂觀、滿懷希望、建設性的觀點。

當與會成員都戴上黃色思考帽時，應該用樂觀積極性思維方式，說出項目的好處和優點。管理者一定要讓每個參與的成員都說出這件事的好處，特別是持反對意見的人。這種做法，有助於管理者廣泛蒐集關於事件好處的資訊。

這樣做還有一個好處。萬一事情被批准可以施行了，原本不看好項目的人也會覺得自己跟大家一樣，看到了這個項目的好處。因為即使強烈反對，他也在贊成者的角度參與過。這種參與感是很有價值的。

黑色思考帽

黑色思考帽要求人們運用否定、懷疑、質疑的看法，合乎邏輯地進行批判，盡情發表負面意見，找出邏輯上的錯誤。

當與會成員都戴上黑色思考帽時，則應考慮在項目的各個細節中可能存在的風險因素，以及可能會遭遇的損失。

紅色思考帽

紅色是情感的顏色。紅色思考帽意味著人們可以表達自己的情緒，包含直覺、感受、預感等。

當與會成員都戴上紅色思考帽時，需要說出自己的直覺判斷——這件事是否可行，不必闡述原因。

藍色思考帽

藍色思考帽是冷靜的顏色，負責控制和組織思維過程。它負責指揮各種思考帽的使用順序，規畫和管理整個思考過程，並做出相應結論。換句話說，在會議管理中，藍色思考帽代表著指揮官和管理者，所有成員都必須聽從他的指揮。

照理說，戴黃帽和黑帽的人在往常的會議流程中是吵得最凶的，因為他們一個樂觀，一個悲觀。但是在六頂思考帽的決策過程中，他們成為同一個戰壕裡的戰友，會一起看到這個項目的優勢和缺陷，並一起努力為這個項目的順利完成想辦法。這樣不僅避免了爭吵，也提升了團隊向心力。

以上六頂思考帽循環往復，團隊就可以對這個項目將要帶來的收穫、利益以及所面臨的風險和困難有足夠的認識，也會為這些困難想出很多有創意的辦法，這是一種非常有效的決策方式。

六頂思考帽的成果

團隊會議時，大多數決策都可以透過「六頂思考帽」得出。採用這種方式可以有效縮短決策的時間、提高決策效率。海爾自從採用這種方式之後，會議時間比原來縮短了三分之二。那麼這種思維方式對於會議品質有何影響呢？具體表現在以下四個方面。

①達成共識

與會成員充分考慮了所有的問題，最終獲得的決策是大家都認可的結果。

②決策品質高

與會成員共同參與決策，有效地避免了思維盲點和惰性的影響。

③會議氣氛融洽

與會成員按照帽子順序做出相應選擇，只有互相體會，沒有針鋒相對，對於團隊建設十分有利。

④執行有效

這個過程讓與會成員充分認識到決策的方方面面，員工的執行意願非常強烈。

此外，一些複雜的大型專案往往涉及方方面面各種問題，討論起來很不容易。甚至有一些方案，討論完畢之後會發現還有新的問題沒有解決，這就需要管理者針對具體問題再一次組織討論，以便得出最終的決策方案。

一致通過的陷阱

有一次我給ＥＭＢＡ班上課，課上認識了一個合夥開高端牛肉拉麵館的投資團隊。幾個合夥人想出了一個行銷創意：在一個月內，每天送出一百份牛肉拉麵給吃不起麵的人。這種方案為拉麵館增添了慈善的噱頭，透過微信轉發、媒體報導，很快就會吸引很多顧客。於是，團隊成員開會討論這個行銷活動如何舉辦，並諮詢我的意見。但是讓我詫異的是，還沒等我給出具體意見，他們的團隊內部討論會就結束了，結論是：大家一致通過，可以行動了。

我對這個團隊的會議效率如此之高極其震驚，於是向他們了解具體的情況。想出這個點子的人告訴我，他願意承擔這次慈善活動的所有成本，其他成員認為既然有了啟動資金，行銷方案大家也同意了，別的方面不會存在太大問題，就一致透過了。

在向這位願意掏錢的仁兄深表敬意的同時，我告訴這個團隊的所有成員，他們關於這個決策的流程存在一些問題。

大家有沒有看出來，這樣的決策流程存在什麼問題呢？

在很多人看來，所謂好的決策流程就是所有與會者最後一致同意。但我不這麼認為。在我看來，這其實是典型的「自嗨」和「自欺」行為，存在嚴重的流程缺陷。於是，我帶著他們用「六頂思考帽」又進行了一次決策討論。

我戴上藍色思考帽，然後讓他們依次戴上了紅色思考帽和白色思考帽。一些事實、數據以及直覺思維都在友好的氣氛中交流著。會議很快就進入了黑色思考帽的環節，在戴上黑色思考帽之後，大家一開始都不發言。於是我就規定所有與會成員一定要想到至少一條負面因素。

過了一會兒，有個人說：「一百碗麵對後廚的壓力可不小，如果碰上尖峰時段，很有可能影響其他顧客的就餐時間。」

有一自然有二，第二個人很快也站了起來，說：「要是來了一群乞丐怎麼辦？這會嚴重影響門店的形象。」

第三個聲音響起：「如果每天來的都是同樣的一百個人該如何是好？這樣根本起不到宣傳的效果。」

還有一個人說：「不要小看一百碗麵，這個成本也不少，店鋪前期送麵肯定是賠本賺掌聲，不知道能堅持多久。如果我們每天免費發麵，突然有一天不發了，會不會引起大家的不滿？這對店鋪的名譽也不利。」

聽到大家提出的種種問題，出主意的人說自己確實沒有思考周全，打算放棄。

我笑著對他搖搖手，讓所有人都帶上綠色思考帽，想一下這些問題的解決辦法。

第一個人說：「我們可以在早上十點到十一點之間發放這一百碗麵，這樣就不會跟中午的尖峰時段衝突。」

第二個人說：「我們可以不在店裡宣傳，改在互聯網和微信上宣傳，這樣乞丐就不會來了。」

第三個人說：「我們還可以學習國外的『牆上咖啡』，做『牆上拉麵』。」

（「牆上咖啡」的流程是：一個人可以買兩杯咖啡，其中一杯自己喝，另一杯掛在牆上。如果店裡進來一個想喝咖啡卻沒帶錢的人，就可以喝到別人買的咖啡了。又被稱為「咖啡寄杯」。「牆上拉麵」的方式與之類似，就是將其他人買好的拉麵掛在牆上，供沒錢的人享用，減少店裡的經營成本。）

在群策群力下，團隊提出了最終的決策方案：慈善拉麵的發放時間定為上午十點到十一點，發放管道是互聯網和微信，發送方式為「牆上拉麵」。

在很多團隊會議中，團隊成員被迫接受管理者既定的思維模式，限制了個人的思維和團隊的整體配合度，不能有效解決問題。而在運用「六頂思考帽」決策模式後，團隊成員不再局限於某種單一思維模式，而且「思考帽」代表的是角色扮演，是一種思維要求，而不是扮演者本人。「六頂思考帽」所代表的六種思維角色，幾乎涵蓋了集體思維的整個過程，有助於團隊管理者做出最正確的決策。

Eurasian Publishing Group
圓神出版事業機構
用心與你對話・視野無限寬廣
先覺出版社
Prophet Press

www.booklife.com.tw
reader@mail.eurasian.com.tw

商戰系列 189

可複製的領導力：300萬付費會員推崇，樊登的九堂商業課

作　　者／樊登
發 行 人／簡志忠
出 版 者／先覺出版股份有限公司
地　　址／台北市南京東路四段50號6樓之1
電　　話／（02）2579-6600・2579-8800・2570-3939
傳　　真／（02）2579-0338・2577-3220・2570-3636
總 編 輯／陳秋月
主　　編／簡　瑜
責任編輯／簡　瑜
校　　對／簡　瑜・莊淑涵
美術編輯／林韋伶
行銷企畫／詹怡慧・徐緯程
印務統籌／劉鳳剛・高榮祥
監　　印／高榮祥
排　　版／陳采淇
經 銷 商／叩應股份有限公司
郵撥帳號／18707239
法律顧問／圓神出版事業機構法律顧問　蕭雄淋律師
印　　刷／祥峰印刷廠
2018年12月　初版
2024年3月　13刷

定價 300 元　　ISBN 978-986-134-333-4

不學習領導力的工具，你就永遠生活在一個低水準重複的世界裡，就是勤奮的懶惰。

——樊登，《可複製的領導力》

國家圖書館出版品預行編目資料

可複製的領導力：300萬付費會員推崇，樊登的九堂商業課／樊登著.
--初版.--臺北市：先覺，2018.12
320 面；14.8×20.8公分.--（商戰系列；189）
ISBN 978-986-134-333-4（平裝）

1.企業管理　2.企業領導

494.2　　107018227